U0207304

南水北调中线工程水源区生态环境保护路径

李红艳 朱 伟 陈华君 著

科学出版社

北 京

内 容 简 介

　　南水北调中线工程水源区是工程水质保证的核心区域，找到适合水源区生态环境保护的路径、构建保护机制非常重要。本书重点介绍南水北调中线工程水源区生态环境保护路径；基于水生态功能单元的南水北调中线工程水源区生态环境协调治理机制构建；南水北调中线工程水源区生态环境保护的动态调控机制；南水北调中线工程水源区生态环境保护政策保障机制。本书将理论方法与工程应用相结合，既可为南水北调中线工程水源区水生态环境的治理和保护提供科学依据，也可为其他大型长距离调水工程提供参考。

　　本书可供水利工程、土木工程、管理工程技术人员和南水北调中线工程管理人员参考，也可供高等院校水利、土木、管理等学科师生阅读。

图书在版编目（CIP）数据

南水北调中线工程水源区生态环境保护路径/李红艳，朱伟，陈华君著. —北京：科学出版社，2024.5
　ISBN 978-7-03-078272-4

　Ⅰ. ①南… Ⅱ. ①李… ②朱… ③陈… Ⅲ. ①南水北调–水利工程–水源地–生态环境保护–研究 Ⅳ. ①X523

中国国家版本馆 CIP 数据核字（2024）第 057975 号

责任编辑：谢婉蓉　杨帅英/责任校对：郝甜甜
责任印制：徐晓晨/封面设计：无极书装

科学出版社 出版
北京东黄城根北街 16 号
邮政编码：100717
http://www.sciencep.com

北京九州迅驰传媒文化有限公司印刷
科学出版社发行　各地新华书店经销
*
2024 年 5 月第 一 版　开本：787×1092　1/16
2024 年 5 月第一次印刷　印张：11 3/4
字数：275 000

定价：150.00 元
（如有印装质量问题，我社负责调换）

前　言

　　南水北调东、中、西工程分别从长江下、中、上游向北方调水，与长江、黄河、淮河和海河相互连接，组成一个水网，形成"四横三纵"的总体格局。通过对水量跨流域重新调配，可协调东、中、西部社会经济发展对水资源需求关系，达到我国水资源"南北调配、东西互济"的优化配置目标。其中，南水北调中线工程从丹江口水库调水，输水干渠地跨河南、河北、北京、天津4个省（市），全线采取自流方式，最终到达北京市颐和园团城湖，为沿线14座大、中城市提供生产生活和工农业用水。供水范围内总面积15.5万 km^2，输水干渠总长1277km，天津输水支线长155km。中线一期工程于2014年12月12日正式通水，截至2021年7月19日，已调水入渠水量累计达400亿 m^3，直接受益人口达到7900万人，南水已成为京津冀豫沿线大中城市主力水源。

　　中线工程是整个南水北调工程的关键组成部分，该项目的建设与开展在很大程度上有助于解决我国华北区域的缺水问题，有利于提高附近城市的经济水平。南水北调中线工程水源区是我国规模最大的饮用水源保护区，也是连接汉江上游和中下游的重要纽带，为工程沿线十几座大中城市提供生产生活用水，对水源区的水质有极高的要求。保障南水北调中线水源区的水质优良、水生态良好、河湖健康及水量充足是保证"一江清水向北流"的基本，更直接影响到其中线调水工程的建设，故而该水源区的生态区位和战略地位十分重要。但南水北调中线工程水源区环境污染形势严峻，环境保护压力巨大。水源区在资源开发、区域经济发展过程中，粗放型经济增长方式较为明显，高耗能、高污染、高威胁，可持续发展形势严峻。同时，南水北调中线工程水源区贫困化程度严重，发展任务艰巨。南水北调中线工程水源区是我国规模最大的饮用水源保护区，涉及河南、陕西、湖北和四川4省11市46县，土地面积近10万 km^2。水源区多为偏远山区，经济发展比较滞后，百姓生活较为困难，虽然2020年底已全面脱贫，但致富任务仍然非常艰巨。总之，南水北调中线水源区面临着环境保护和经济开发双重压力。

　　全书分为8章。第1章，绪论。重点介绍研究背景及意义、国内外相关研究现状、相关概念概述、本书的研究内容及方法、研究的重点及难点等。第2章，国内外跨流域调水工程生态环境保护的经验、问题及启示。总结国内外跨流域调水工程生态环境保护的经验，国外的主要有健全的政策法规、统一的政府管理模式，国内的经验包括完善的法治保障、健全的生态补偿机制、完善的生态环境治理防控体系、项目运行引入法人制。分析国内外跨流域调水工程生态环境保护目前存在的问题，并得出对南水北调中线工程生态环境保护的启示。第3章，南水北调中线工程水源区生态环境保护概述。其中，水源区概况重点介绍水源区的范围和水源区地理状况，水源区发展现状则介绍经济发展、产业发展和移民现状，生态环境状况包括生态环境影响因素、现状和生态环境演变规律，生态环境保护现状则从法律法规、体制机制和主要措施三个方面分析，最后从多主体治理角度分析水源区生态环境治理的困境。第4章，路径一：生态产业耦合协调发展。在分析水源区生态产业耦合系统形成机理的基础上，基于演化博弈视角分析耦合系统的运行机制，并构建产业耦合系统演化的熵变模型，最后运用系统动力学模型仿真系统运行，并提出相应发展策略。第5章，路径二：水生态环境与经济耦合协调发展。构建水源区水生态环境与经济耦合协调评价指标体系，并对其空间分布特征和耦合协调系统的形成机理进行分析，最后运用系统动力学模型对系统运行进行仿真模拟。第6章，基于水生态功能单元的南水北调中线工程水源区协调治理机制构建。在分析水源区生态协调治理的必要性和可行性后，打破水源区原有的行政或流域区划的治理机制，提出基于水生态功能单元的协调治理机制，并计算各功能单元的生态安全值。第7章，南水北调中线工程水源区生态环境保护的动态调控机制。设计动态调控的策略，并通过调控策略仿真后，对调控策略进行相应调整，以实现动态调整。第8章，南水北调中线工程水源区生态环境保护政策实施的保障机制。主要从组织保障和信息资源保障两个方面分析。

本书主要由李红艳、朱伟和陈华君共同完成，李红艳提出主要思想及内容架构，并负责全书统稿。朱伟编写了第3章、第4章（前3节）、第5章（前3节）、第6章，陈华君编写了第4章（第4节）、第5章（第4节）、第7章、第8章，其余章节由李红艳撰写。在本书的成稿过程中，河南工程学院的付景保教授、褚钰博士和高博博士都积极参与讨论，为大纲的形成及具体章节的编写提供了不同程度的支持，在此一并致谢。

本书是教育部人文社会科学项目（19YJC630075）、河南省高校科技创新团队支持计划（19IRTSTHN015）、河南省高校科技创新人才支持计划（人文社科类）（2021-CX-050）的阶段性成果，并得到以上项目的资助。

限于作者的水平，书中难免存在疏漏之处，恳请读者批评指正。

作　者

2021年8月26日

目　　录

第1章 绪　　论

1.1　研究背景及意义

1.1.1　研究背景

为了解决中国南北水资源分布不均和北方地区经济社会发展面临的水资源短缺问题，1952 年毛泽东主席视察黄河时提出："南方水多，北方水少，如有可能，借点水来也是可以的。"首次提出了南水北调的宏伟构想。1979 年 12 月，水利部正式成立南水北调规划办公室，统筹领导协调全国的南水北调工作。1995 年 12 月，南水北调工程开始全面论证。2000 年 6 月 5 日，南水北调工程规划有序展开，经过数十年研究，南水北调工程总体格局定为西、中、东三条线路，分别从长江流域上、中、下游调水。2013 年和2014 年，南水北调东线（一期工程）、中线（一期工程）已建成通水。其中，南水北调中线工程从长江最大支流汉江中上游的丹江口水库调水，在丹江口水库东岸河南省淅川县境内的工程渠首开挖干渠，经长江流域与淮河流域的分水岭方城垭口，沿华北平原中西部边缘开挖渠道，通过隧道穿过黄河，沿京广铁路西侧北上，自流到北京市颐和园团城湖。工程供水范围内总面积 15.5 万 km²，输水干渠总长 1277km，天津输水支线长155km。并于 2014 年 12 月 12 日 14 时 32 分正式通水，通水 6 年来，南水北调中线一期工程水质总体稳定在地表水环境质量标准 II 类以上，向沿线省市累计供水 348 亿 m³，直接受益人口 6000 多万人，北京、天津等大型城市的生活用水 80%以上来自于南水北调。南水北调工程已由规划的补充水源成为受水区的重要水源，成为名副其实的保障和改善民生的重大战略性基础设施。

水质是决定跨流域调水工程成败的关键因素，如果水源区水生态环境遭到破坏，水质被污染，就会导致工程无优质水可调，进而影响工程功能的实现。南水北调的水污染问题一直备受社会关注，尤其是东线工程，由于从长江下游抽水，且走的是低洼地区（全线最高海拔 36m），加上工程沿线分布大量的造纸、化工、煤炭、制药等企业，工业污染与农业面源污染共同导致生态恶化、水污染严重问题。因此，在工程建设初期，就配套 260 个、共计投资 140 亿元的水污染防治项目。但根据工程运行 10 余年的情况，原有的项目并不能满足水污染治理的需要，目前已经投入的治污资金远远超过了工程投资，且治理效果仍不太理想，输到北京的水质最好也只能达到地表水三类水。相对东线工程而言，中线工程调水路线主要走小秦岭和伏牛山等高海拔地区，全线采取自流形式，加上渠道高于地面，总干渠与沿线河流均实现立体交叉，流经之地的污水进不了调水渠道，且中线调来的水基本直接进水厂，输水过程中水质产生二次污染的可能性较小。因此，为了保证中线工程水质，维持水源区水生态环境是最重要的。从目前情况看，虽然丹江口水库水质基本能够满足调水要求，但仍存在着水质恶化的潜在危险，如出现库体水质中度营养化，神定河、泗河、犟河、剑河等部分入库支流水质污染的状况。

国家划定的南水北调中线工程水源区范围是丹江口库区及上游地区，涉及河南、陕西、湖北和四川 4 省 11 市 46 县，土地面积近 10 万 km²，是我国规模最大的饮用水源保护区。然而水源区多为粗放型经济增长方式，消耗资源大、收益小、价格低、工艺结构落后、污染严重，对自然环境可持续发展造成严重威胁，进而影响水生态环境。

水源区在资源开发、区域经济发展过程中，粗放型经济增长方式较为明显，高耗能、高污染、高威胁，可持续发展形势严峻。具体表现在两个方面：①丹江口水库主要污染物浓度超标，呈上升趋势。目前丹江口水库水质基本能够满足调水要求，仍存在着水质恶化的潜在危险。南水北调中线工程要求丹江口水库的水质达到国家地表水Ⅱ类以上标准（GB3838—2002），即总磷≤0.025mg/L，总氮≤0.5mg/L，氨态氮≤0.5mg/L 等。根据 1990～2017 年的检测结果，库区水质总氮指标在 1.2～1.6mg/L，超过Ⅱ类水质标准。②丹江口水库周围出现严重的石漠化，有加剧趋势。2015 年《河南省岩溶地区石漠化状况公报》表明南阳市石漠化总面积为 74647.7hm²，占岩溶土地面积的 27.88%。其中，轻度石漠化占 30.68%，中度石漠化占 47.34%，重度石漠化占 14.72%，极重度石漠化占 7.26%。同时还存在潜在石漠化，土地总面积 93102.2hm²，占岩溶土地的 34.77%。丹江口市石漠化土地面积占岩溶地区总面积的 34.5%，最严重的习家店镇和石鼓镇涉及多个小流域，其中，石鼓镇小流域内的水系直接汇入丹江口水库，对水库的水质有着直接的影响。如不及时治理，大量的泥沙涌入丹江口水库，就会减小库容，严重影响丹江口水库的使用寿命和南水北调中线工程核心水源区及淮河下游的水质，同时，也给当地群众生产生活带来极大困难。

1.1.2 研究意义

由于南水北调中线工程对沿线省市经济和社会生活影响巨大，如果不重视水源区生态环境保护，造成水质不达标，不但工程效益发挥不了，严重的还会引发社会不安定的后果。因此，通过吸取国内外跨流域调水工程生态环境保护的经验，结合南水北调中线工程水源区实际，寻求适合该区的生态环境保护路径，构建相应的体制、机制，保障一渠清水向北流的调水目标，具有重大的理论意义和实践价值。

1. 理论意义

本书探索的水源区生态环境保护路径一：生态产业耦合协调发展，是基于产业耦合系统构建及运行控制逻辑主线，运用"大产业系统"理论和优化控制方法，分析耦合系统的内在逻辑关系，揭示系统运行机制，制定耦合系统的优化设计方案。研究成果将对拓展产业耦合系统理论知识体系作出探索性的贡献。

本书探索的水源区生态环境保护路径二：水生态环境与经济耦合协调发展，明确南水北调中线工程水源区水生态环境与经济间耦合协调规律及其形成机理，为实现跨流域调水工程水源区水生态环境保护、产业结构优化、经济发展提供理论支持。

2. 实践价值

南水北调中线工程水源区生态环境保护既是历史课题，又有新的使命，具有较大的探索空间。该研究在实践中推进我国南水北调工程运行过程中生态环境保护和经济社会协调发展，通过构建基于水生态功能单元的水源区协调治理机制，打破传统的行政界线；通过构建动态调控机制，设计不同的调控策略进行仿真，根据仿真结果进行策略调整；通过构建生态环境保障机制动态协同应急管理机制等，实现生态环境保护和经济社会协调发展的调水目标，为水利管理部门在保障调水工程水质时提供有力的参考依据和决策手段。

1.2　国内外研究综述

1.2.1　产业耦合相关研究

国外关于产业耦合的研究源于 Rosenberg（1963）提出的多产业协调演化发展思想。特别是 20 世纪 90 年代中期以来，产业耦合发展问题开始备受国际经济学界的高度关注和重视，成为诸多学者关注的热点，取得了较多研究成果，具体包括以下几个方面：①产业耦合内涵。Frosch 和 Gallopoulos（1989）在分析美国制造业发展战略时首次提出产业耦合一词，但将产业耦合视为产业共生。此后，Chertow（2000）、王兆华和武春友（2002）、王广成和李鹏飞（2014）等人分别从系统结构、产业发展及大产业系统的角度直接或间接分析了产业耦合的内涵。②产业耦合路径选择。国外目前主要从三种耦合路径进行研究：以市场需求为主线形成的产业耦合路径、以知识扩散为主线形成的耦合路径、以科学技术交叉渗透为主线形成的耦合路径。③耦合系统资源的有效管理。Bachleitner（2013）构建了旅游资源的优化控制模型，对区域实行旅游业和农业共同发展的政策选择行为进行分析。Wei（2012）等建立了评价农业政策措施实施结果的经济和环境的整合模型。④产业耦合的驱动力分析。学者们一致认为产业耦合的驱动力主要包含管制的放松[Lemola（2002）]、技术创新和扩散、商业模式创新[Chesbrough（2007）]三个方面。⑤产业耦合效果分析。对于产业耦合效果，国外大多数学者认为耦合效果主要体现在三个方面：产业耦合是创新和经济增长的主要动力、产业耦合形成新型竞争协同关系、产业耦合是降低成本和提高效率的重要途径。

国内理论界关于产业耦合的研究起步较晚。于刃刚（1997）最早指出我国三大产业之间出现了融合现象。此后，国内学者开始关注产业耦合发展问题，成果主要集中在以下几个方面：①产业耦合的路径。国内对于产业耦合路径研究文献较多，例如，徐仁立（2012）、严奇春和和金生（2012）从层次结构和产业耦合过程两个方面，分析了产业耦合的路径。肖建勇和郑向敏（2011）以农业与旅游业的耦合为例，将其耦合路径分为两个方向，一是将旅游集成单元嵌入到农业产业体系中，赋予农业产业体系以旅游功能，带动相关产业的发展，彼此形成共生共赢的效应；二是以旅游集成单元为中心，组成符合市场的旅游产品，实现旅游和农业产业结构优化和动态最优。②产业耦合的动力机制。王灵恩和成升魁（2013）、刘云慧等（2012）、熊勇清和李世才（2010）等人对农业与旅游业耦合发展的驱动力进行了探讨，认为两大产业耦合的动力主要来自技术创新、市场需求和经济管制，并且认为所有动力均可以归纳为产业结构升级的需求。③促进产业耦合的对策。王厚全（2012）从健全法规、人才培育、金融支持、理论指导等方面提出了促进涉农产业耦合的对策。尹燕和周应恒（2012）、刘定惠和杨永春（2011）等从区域协调发展的角度指出产业均衡投入与产出是促进农业与旅游业耦合发展的重要措施。

1.2.2 生态环境与经济耦合研究

1. 生态环境与经济耦合关系的研究

主要有以下几个角度：①经济发展视角。持该观点的学者将经济发展与生态环境割裂开来，认为生态系统是不变的，因此，他们独立地研究经济系统内部的协调，而不考虑经济发展对生态环境的影响。后来，许多经济学家意识到这种片面性，坚持把经济发展与生态环境保护结合起来。②环境保护视角。大多环境保护主义者认为，生态环境恶化是由于经济发展造成的，要从根本上解决发展的无限性与地球资源有限性的矛盾，人类只有放弃对自然界的改造和控制，实现零经济增长（Daly，1980；Sugden，2014）。这种观点将经济发展与生态环境对立起来，只看到经济发展的负面影响，而忽视经济发展的能动作用，具有一定的局限性和片面性。③生态环境与经济协调发展视角。该观点从系统论的角度出发考虑经济发展与生态环境的关系，将经济发展与生态环境视为一个大系统中的两个子系统，认为两个子系统间是辩证统一的关系，只有实现生态系统与经济发展的协调，才能达到生态效益与经济效益相统一的双赢模式（Macnell，1989；Bernstam，1990；刘红梅，2007；Acaravci and Akalin，2017）。在对二者关系定性分析基础上，定量研究也取得很大进展，较早运用的定量方法是环境库兹涅茨曲线（Panayotou，1997），该曲线是在分析人均收入水平与分配公平程度之间关系的"倒U型曲线"（Kuznets，1955）基础上发展起来的。随后，学术界围绕倒U型曲线开展了大量验证研究（Włodarczyk，2010；韩瑞玲等，2012；Janekarnkij，2012；Awan，2013；Al-Mulali et al.，2015），并对该曲线进行了扩展研究（Chen，2002；Drabo，2010；Balsalobre-Lorente et al.，2017）。此外，部分学者还通过经济增长理论模型和内生增长模型来进一步研究经济与环境协调发展的条件（Berthelemy and Demurger，2000；He et al.，2012），分析加入环境污染后，环境和经济如何协调发展（Howit，1998；Odum，2000；Aung et al.，2017）。

2. 生态环境与经济耦合协调发展内涵的研究

部分学者认为，在环境资源承载力阈值内，生态环境与经济协调发展主要包括经济的发展、环境的发展，以及环境与经济发展的协调三个方面（王维国，2000），同时，生态环境与经济间的相互促进可以实现区域经济不断发展及生态环境的不断改善。也有学者认为，经济与生态环境协调发展是经济社会与自然生态相互促进、相互协调和可持续发展的一种常态（汪中华 2005），也是一种过程，即生态管理与经济生产通过相关因子形成互动的过程（曹洪华，2014），并且经济与生态环境通过各自的耦合元素产生相互作用，彼此影响（秦艳，2008）。

3. 生态环境与经济耦合协调发展测度方法的研究

（1）生态环境与经济耦合协调发展状况测度方法。测度二者耦合协调发展状况时大多采用指数法，先是构建相应的评价指标体系，再对指标赋权，得到可比较的发展指数。常用的指数或方法有参照指数设定法（Ott，1978；Gilbert，1996）、核算综合价值的协调发展指数（Carey，1993；Stockhammer et al.，1997）、协调发展综合加成指数（Christian，1996）。

（2）生态环境与经济耦合协调度测度方法。计算生态环境与经济耦合协调度时，一般也需先构建评价指标体系，再对指标赋权。构建评价指标体系时，较早是利用经济合作与发展组织（organization for economic co-operation and development，OECD）提出的绿色经济环境协调发展模型，该模型以"压力-状态-响应"为研究基础（彭建等，2012），在此基础上，又提出"驱动力-压力-状态-影响-反应"模型。指标赋权分为主观赋权与客观赋权，前者需要依靠人的经验来确定，一般需要专家打分。后者是根据客观对象提供的综合信息来赋权。在生态环境与经济耦合协调评价指标体系赋权时，采用的方法主要是客观赋权法，如主成分分析法（田亚玲，2016；许妍谢，2016）、模糊隶属度（刘洋和徐长乐，2014；张浩，2016）、熵值赋权法（李国柱和李从欣，2010；Fang et al.，2015；陈国福，2017）、灰色关联度（杜湘红和张涛，2015）。也有综合运用熵权与灰色关联分析（马丽娜等，2012）、熵权与层次分析（吴孝天和管华，2016）、主成分分析法与模糊隶属度（李琳等，2014）。构建系统耦合评价模型时，用得较多的是耦合动力学模型（任志远等，2011；李芳林等，2013；陈端吕等，2013；张忆君和马骏，2016），也有学者运用 VAR（Vector Autoregressive Model）模型（Chebbi and Boujelbene，2008；吕健，2010；吴丹和吴仁海，2011；段显明和郭家东，2012；倪曾曾，2017）、协调发展度模型和空间计量技术（王世朋和涂超，2017；薛笑笑，2017a；Lu et al.，2017）等对整个中国或相关省、市生态环境与经济间的耦合协调度进行评价。

4. 生态环境与经济耦合协调机理的研究

学者们主要从生态环境与经济的相互影响，定性分析二者间的耦合协调机理。如金娜（2011）从系统层次和要素层次分析区域经济社会与生态环境作用的演变规律，揭示区域协调发展的作用机理。王博（2014）认为生态环境与经济耦合机理是经济对生态环境的胁迫效应、生态环境恶化对经济的约束效应共同作用的结果。张瑞萍（2015）绘出生态环境与经济系统要素结构运行图，指出生态环境与经济系统各要素间相互影响并协调发展，使两个系统各要素组成之间互相依赖，保持最佳的比例结构关系，而且比例结构的发展变化受内在规律的制约，使得生态环境与经济结构组成的系统不断地从不协调走向协调，经过一定周期后，又会再次从协调走向不协调。

5. 南水北调中线水源区生态环境与经济协调发展研究

学者们对南水北调中线工程水源区内的生态环境保护非常关注，主要是通过生态安全评价（张雁等，2016）、环境保护（尹炜，2014）和生态补偿（周晨等，2015）等方式了解生态环境现状，提出减少污染物排放的措施，进而实现生态环境保护。关于生态环境与经济协调发展的研究较少，现有的也只是运用 SWOT（Strengths Weaknesses Opportunities Threats）方法对核心水源区内的生态环境与经济协调发展进行定性分析，确立了协调发展的内涵和目标，提出了协调发展的措施（常国瑞和张中旺，2015）。具体研究水源区水生态环境与经济耦合协调的更是罕见，但有学者研究水环境与经济的关系（唐德善等，2003；杜鑫等，2015）、水资源与经济社会协调发展（阿布都热合曼·哈力克等，2010；李波等，2013；万晨等，2016）、水生态与经济的关系（姚志春和安琪，2011；Zhang et al.，2017），也有学者研究水-生态-经济协调发展（方创琳等，2004）。

1.2.3 研究述评

1. 产业耦合研究述评

国内外学者对产业耦合从不同的角度进行了大量研究，得出较多研究成果，但多数学者从产业化的视角出发，将产业耦合看成是产业结构升级和产业化的新路径，局限于产业化的思维框架，缺乏大系统理念。研究内容方面，主要侧重耦合现象描述，对于耦合必然性、内在机理、系统资源管理等研究不够深入。专门针对跨流域调水工程水源区产业耦合的相关研究更是鲜见。

2. 生态环境与经济耦合研究述评

（1）现有研究多以生态环境与经济系统的关系为研究对象，关于水生态环境与经济耦合协调关系的研究关注不够。现有研究多数都是研究生态环境与经济系统的耦合协调关系，单独将水生态环境作为研究对象，研究其与经济发展间的耦合协调关系尚未报道，尤其缺少针对南水北调中线水源区这一特殊区域的水生态环境与经济的研究。

（2）现有对生态环境与经济系统间的耦合现象的研究也是描述性的，少有从定量计算结果来分析系统间耦合协调机理。现有研究多数只是对生态环境与经济系统耦合关系的描述，而关于系统耦合的动力来源及系统间耦合协调机理研究也是从定性角度进行分析，从定量计算结果分析系统间耦合协调机理的文献较少见。

（3）现有研究多数以静态分析为主，对系统未来的动态趋势关注不够。多数学者仅以研究期内的历史数据或截面数据为基础，通过构建各相关经济与生态环境耦合系统的评价指标体系，运用物理学耦合模型对相关系统的耦合性进行静态评价，虽然有学者结合评价结果，给出具体调整策略，但忽视系统未来的发展趋势及调整策略对系统未来的发展影响。

1.3　相关概念概述

1.3.1　跨流域调水工程概述

1. 跨流域调水工程

跨流域调水工程（interbasin water diversion project）指修建跨越两个或两个以上流域的引水（调水）工程，将水资源较丰富流域的水调到水资源紧缺的流域，以达到地区间调剂水量盈亏、解决缺水地区水资源需求的一种重要措施。跨流域调水关系到相邻地区工农业的发展。同时，还会涉及相关流域水资源重新分配和可能引起的社会生活条件及生态环境变化。因此，必须全面分析跨流域的水量平衡关系，综合协调地区间可能产生的矛盾和环境质量问题。

据统计，目前世界调水工程不下 160 项，在世界的大江大河上几乎都能找到调水工程的影子。世界著名的调水工程有：美国的中央河谷、加州调水、科罗拉多水道和洛杉矶水道等远距离调水工程及澳大利亚的雪山工程、巴基斯坦的西水东调工程、俄罗斯的调水工程等。

1）跨流域调水工程产生的背景

随着人口的增长和经济的发展，水资源问题已经成为制约人类 21 世纪生存与可持续发展的瓶颈因素，水资源分布不均匀性与人类社会需水不均衡性的客观存在使得调水成为必然，采用跨流域调水的方法，重新分配水资源，缓和以至解决缺水地区的迫切需要。

2）实施跨流域调水工程的理论依据

跨流域调水是合理开发利用水资源、实现水资源优化配置的有效手段。水资源优化配置是多目标决策的大系统问题，必须应用大系统理论的思想进行分析研究，传统的水资源配置存在对环境保护重视不够、强调节水忽视高效、注重缺水地区的水资源优化配置而忽视水资源充足地区的用水效率提高、突出水资源的分配效率而忽视行业内部用水合理性等问题，影响了区域经济的发展和水资源的可持续利用。在水资源严重短缺的今天，必须注重水资源优化配置研究，特别是新理论和新方法的研究，协调好资源、社会、经济和生态环境的动态关系，确保实现社会、经济、环境和资源的可持续发展。

3）跨流域调水工程的分类

按功能划分主要有以下 6 大类。

（1）以航运为主的跨流域调水工程，如中国古代的京杭大运河等；

（2）以灌溉为主的跨流域灌溉工程，如中国甘肃省的引入大秦工程等；

（3）以供水为主的跨流域供水工程，如中国山东省的引黄济青工程、广东省的东深供水工程等；

（4）以水电开发为主的跨流域水电开发工程，如澳大利亚的雪山工程、中国云南省的以礼河梯级水电站开发工程等；

（5）跨流域综合开发利用工程，如中国的南水北调工程和美国的中央河谷工程等；

（6）以除害为主要目的（如防洪）的跨流域分洪工程，如江苏、山东两省的沂沭泗河洪水东调南下工程等。

大型跨流域调水工程通常是发电、供水、航运、灌溉、防洪、旅游、养殖及改善生态环境等目标和用途的集合体。

4）跨流域调水工程系统组成

跨流域调水系统一般包括水量调出区、水量调入区和水量通过区三部分。

水量调出区是指那些水量丰富、可供外部其他流域调用的富水流域和地区；而水量调入区则是那些水量严重短缺、急需从外部其他流域调水补给的干旱流域和地区；沟通上述两者之间的地区范围即为水量通过区。

水量通过区，根据不同调水系统，常常又是水量调入区或是水量调出区，人们有时把跨流域调水系统直接分为工程水源区和供水区两部分。所谓水源区系指水量调出区域，它既可能只包括水量调出区，也可能含有水量调出区和水量通过区中的某些富水地区；而供水区则是所有需调水补给的地区，它可能只包括水量调入区，也可能包括水量调入区和需要补充供水的水量通过区。

5）跨流域调水工程的特点

（1）跨流域调水系统具有多流域和多地区性

跨流域调水系统涉及到两个或两个以上流域和地区的水资源科学再分配。如何正确评估各流域、各地区的水资源供需状况及其社会经济的发展趋势，如何正确处理流域之间、地区之间水权转移和调水利益上的冲突与矛盾，对工程所涉及到的各个流域和地区实行有效的科学规划与管理，是跨流域调水系统规划管理决策研究中所面临的重要问题。

（2）跨流域调水系统具有多用途和多目标特性

大型跨流域调水系统往往是一项发电、供水、航运、灌溉、防洪、旅游、养殖，以及改善生态环境等目标和用途的集合体。如何处理各个目标之间的水量分配冲突与矛盾，使工程具有最大的社会经济效益和最小的生态环境负效益,则是跨流域调水系统决策中的又一个重要课题。

(3)跨流域调水系统具有水资源时空分布上的不均匀性

水资源量在时间和空间分布上的差异,是导致水资源供需矛盾的一个重要因素,也是在地区之间实行跨流域调水的一个重要前提条件。如何把握水资源时空分布上的这种特性,对多流域、多地区的多种水资源(如当地地表水和地下水、外调水等)进行合理调配,是提高跨流域调水系统内水资源利用率的重要途径之一。

(4)跨流域调水系统中某些流域和地区具有严重缺水性

在跨流域调水系统内,必须存在某些流域和地区在实施当地水资源尽量挖潜与节约用水的基础上水资源量仍十分短缺,难以满足这些地区社会经济发展与日益增长的用水需求,由此表现出严重缺水性。如何对缺水流域和地区进行科学合理的节水与水资源供需预测,正确评价其缺水程度,是减少工程规模、提高工程效益、促进节水与水资源合理配置,以及促进整个国民经济发展的重要途径之一。

(5)跨流域调水系统具有工程结构的复杂多样性

主要表现在以下方面。

a. 蓄水水库或湖泊之间存在多种串联、并联,以及串、并混联的复杂关系,与一般水库系统相比,不仅要考虑各水库的水量调节和上、下游水库之间的水量补偿作用,还要考虑调水量在各水库之间(不只局限于上、下游水库之间)的相互调节与转移,因而,跨流域调水系统内水库间的水量补偿调节与反调节作用更加复杂多变。

b. 系统的骨干输配水设施(如渠道、管道、隧洞等)一般规模较大,输水距离较长,常遇到高填深挖、长隧洞与大渡槽、坚硬岩石和不良土质(如膨胀土、流沙等)地带等,所有这些都将给规划设计和施工管理增添较大的难度。

c. 系统内往往会涉及到众多较大规模的河道、公路、铁路等交叉建筑物,这不仅增加了规划设计和施工管理的难度,还会给防洪、交通运输等带来影响,须进行合理布局和统筹安排,使其影响程度降到最低。

d. 有些采用提水方式进行的调水工程,常会面临高难度的高扬程、大流量等提水泵站规划设计与运行管理问题,如何对这些提水泵站(群)规模与布局进行合理优化规划,则是待研究的另一重要问题。

e. 跨流域调水工程的投资和运行费用大。

因跨流域调水工程结构复杂多变,且涉及范围大、影响因素多,工程规模相对较大。随着工程规模的增大,投资相对就会大幅度增长。远距离调水管理难度大,运行费用会相对较高。如何确定满足社会经济发展要求的合理工程供水范围与调水规模,则是减少工程投资和运行管理费用的重要举措之一。

(6)跨流域调水系统具有更广泛的不确定性

跨流域调水系统的不确定性,和其他一般水资源系统相同,主要集中在降水、来水、用水、地区社会经济发展速度与水平、地质等自然环境条件、决策思维和决策方式等方面，而且比较而言其不确定性程度更大、范围更广、影响更深，结果是跨流域调水系统比一般水资源系统具有更大的风险性。

（7）跨流域调水系统具有生态环境的后效性

任何人工干涉自然生态环境的行为（如各种水利工程等），都将导致自然生态环境的改变。跨流域调水系统由于涉及范围较一般水利工程大得多，势必导致更多的自然生态环境变化，有些生态环境的变化甚至是不可逆转的，这就表现出生态环境后效性。如何预见和防治生态环境方面的后效性，则是需要研究的又一重要问题。因此，有必要始终坚持"先治污、后调水"和调水有利于保护、改善生态环境的原则，进行跨流域调水规划和管理。

总之，跨流域调水系统是一项涉及面广、影响因素多、工程结构复杂、规模庞大的复杂系统工程，跨流域调水工程的决策本质上是一类不完全信息下的非结构化冲突性大系统多目标群决策问题，需要从战略高度上，对工程的社会、经济、工程技术和生态环境等方面进行统一规划、综合评价和科学管理，才能取得工程本身所含有的巨大经济、社会和生态环境效益，促进水利文化的进步。

2. 国内外跨流域调水工程概况

1）国外跨流域调工程概况

公元前 3400 年，埃及最早实现了跨流域调水，他们引尼罗河用于农田灌溉，虽然工程规模不大，但具有重大的现实意义，400 年过后，即公元前 3000 年，印度也实现了引水灌溉。

20 世纪中叶，大规模的跨流域调水工程开始出现。据不完全统计，全球共有 160 多项跨流域大型调水工程，主要分布在美国、巴基斯坦、苏联、澳大利亚、印度、加拿大等 20 多个国家，这些国家的调水量占全球总调水量的 80%以上，产生了明显的社会效益和经济效益。其中，最有代表性的工程包括：①巴基斯坦的西水东调工程，典型的平原明渠自流引水工程年调水量达 148 亿 m^3；②美国的中央河谷工程，是扬程最大的单级跨流域调水工程；③加利福尼亚州的北水南调工程，年调水量 52.2 亿 m^3，多级扬程达 1151m，输水线路长 1138km。表 1-1 为国外著名的跨流域调水工程。

表 1-1　国外著名的跨流域调水工程

工程名称	所在国家	水源地	受水区	调水量/（亿 m^3/a）	首次送水年份	主要用途
魁北克调水工程	加拿大	卡尼亚皮斯科河、伊斯特梅恩河	拉哥朗德河	328	1985	发电为主
萨达尔萨罗瓦工程	印度	纳尔默河	古吉拉特邦	350	在建	灌溉、供水
加利福尼亚州北水南调工程	美国	费瑟河、旧金山湾	加利福尼亚南部	52.2	1973	供水、灌溉

续表

工程名称	所在国家	水源地	受水区	调水量 /（亿 m³/a）	首次送水年份	主要用途
中央河谷工程	美国	萨克拉门托河	加利福尼亚南部	84	1940	供水、灌溉
亚利桑那调水工程	美国	科罗拉多河	亚利桑那州中南部地区	18.5	1985	灌溉、供水
雪山调水工程	澳大利亚	雪河	墨累河、马兰比吉河	111.4	1974	灌溉、发电
西水东调工程	巴基斯坦	印度河、杰赫勒姆河、杰纳布河	拉维河、萨特莱杰河、比阿斯河	148	1977	灌溉、发电
莫斯科运河	苏联	伏尔加河	莫斯科河、莫斯科市	21	1937	供水、航运

2）国内跨流域调水工程概况

我国跨流域调水工程始于京杭大运河，1949 年以来，一大批跨流域调水工程相继落成。20 世纪 60 年代，甘肃的景泰川电力提灌工程、广东的东深供水工程和江苏的江水北调工程等工程项目是典型的跨流域调水工程项目；20 世纪 70 年代，甘肃的引大入秦灌溉工程和福建的九龙江北溪引水工程则最具代表性；20 世纪 80 年代，河北的引青济秦调水工程、天津引滦入津工程、西安的黑河引水工程和山东的引黄济青工程相继建成；进入 90 年代，辽宁的引碧入连供水工程、福建的湄洲湾南岸供水工程、吉林的引松入长工程、山东的引黄入卫工程和辽宁的富尔江引水工程等众多跨流域长距离调水工程相继建设，其中，南水北调工程最具代表性。南水北调工程包括三部分，即中线工程、东线工程和西线工程。其中，中线工程源头在丹江口水库，在有"天下第一渠首"美誉之称的河南省淅川县九重镇的渠首开挖，途经淮河流域与长江流域的分水岭方城垭口，沿华北平原中西部边缘蜿蜒行渠，在河南荥阳市穿过黄河，沿京广铁路西侧向北流到颐和园团城湖。自 2014 年 12 月 12 日通水以来，截至 2020 年 6 月，南水北调中线工程完成输水累计达 300 亿 km³；南水北调东线工程从江苏扬州附近接引长江水，将东平湖、南四湖、骆马湖和洪泽湖等作为调蓄水库，利用京杭大运河作输水干线，逐节提水北送，途经山东省位山附近，穿隧洞过黄河后自流到天津。东线工程分 3 期实施，是对江苏江水北调工程的扩大和延伸，前两期分别于 2007 年和 2010 年建成通水，第三期将于 2030 年前建成通水；南水北调西线工程为未建项目，前期规划从大渡河、雅砻江等长江水系长距离调水至黄河上游的晋、陕、蒙、宁、甘、青等地，对促进黄河治理开发、缓解乃至解决西北地区干旱及补充黄河上游水资源具有重大战略意义。

1.3.2 生态环境保护概述

1. 生态环境保护的概念

1）生态、生态学、生态系统

生态一词源于古希腊字，原义是指一切生物的状态，以及不同生物个体之间、生物与环境之间的关系，即指生物（原核生物、原生生物、动物、真菌、植物五大类）之间和生物与周围环境之间的相互联系、相互作用。德国生物学家 E·海克尔 1869 年提出生态学的概念，认为它是研究动物与植物之间、动植物与环境之间相互影响的一门学科。但是在提及生态术语时所涉及的范畴越来越广，特别在国内常用生态表征一种理想状态，出现了生态城市、生态乡村、生态食品、生态旅游等提法。生态系统最初的定义是 1935 年英国植物学家坦斯列在《植物概念术语的使用问题》一文中给出的，"生物与环境形成一个自然系统，正是这种系统构成了地球表面上各种大小和类型的基本单元，这就是生态系统"。随着系统科学的发展，学术界对生态系统形成了统一的定义：在自然界的一定的时间和空间内，生物群落与其环境构成的统一整体，在这个统一整体中，各组成要素间通过物质循环、能量流动、信息传递和价值流动，相互联系、相互制约，形成的具有自调节功能的复合体。生态系统由生命支持系统（非生物环境）、生产者、消费者和分解者四种基本成分组成，其中生产者为主要成分。不同的生态系统有：森林生态系统、草原生态系统、海洋生态系统、淡水生态系统（分为湖泊生态系统、池塘生态系统、河流生态系统等）、农田生态系统、冻原生态系统、湿地生态系统、城市生态系统。但是生态系统的范围可大可小，相互交错，太阳系就是一个生态系统，太阳就像一台发动机，源源不断给太阳系提供能量。

2）环境

环境总是相对于某一中心事物而言的。人类社会以自身为中心，认为环境可以理解为人类生活的外在载体或围绕着人类的外部世界。用科学术语表述就是指，人类赖以生存和发展的物质条件的综合体，实际上是人类的环境。人类环境一般可以分为自然环境和社会环境。自然环境又称为地理环境，即人类周围的自然界。包括大气、水、土壤、生物和岩石等。地理学把构成自然环境总体的因素划分为大气圈、水圈、生物圈、土壤圈和岩石圈 5 个自然圈。社会环境指人类在自然环境的基础上，为不断提高物质和精神文明水平，在生存和发展的基础上逐步形成的人工环境，如城市、乡村、工矿区等。《中华人民共和国环境保护法》（2014 年修订）则从法学角度对环境下了定义："本法所称环境是指影响人类生存和发展的各种天然的和经过人工改造的自然因素的总体，包括大气、水、海洋、土地、矿藏、森林、草原、野生生物、自然遗迹，人文遗迹、风景名胜区、自然保护区、城市和乡村等。"

生态与环境既有区别又有联系。生态偏重生物与其周边环境的相互关系，更多地体现出系统性、整体性、关联性，而环境更强调以人类生存发展为中心的外部因素，更多地体现为人类社会的生产和生活提供的广泛空间、充裕资源和必要条件。

3）生态环境

生态环境（ecological environment），即是"由生态关系组成的环境"的简称，是指与人类密切相关的，影响人类生活和生产活动的各种自然（包括人工干预下形成的第二自然）力量（物质和能量）或作用的总和，是指影响人类生存与发展的水资源、土地资源、生物资源以及气候资源数量与质量的总称，是关系到社会和经济持续发展的复合生态系统。生态环境问题是指人类为了其自身生存和发展，在利用和改造自然的过程中，对自然环境破坏和污染所产生的危害人类生存的各种负反馈效应。

生态环境最早组合成为一个词需要追溯到 1982 年第五届全国人民代表大会第五次会议。会议在讨论中华人民共和国第四部宪法（草案）和当年的政府工作报告（讨论稿）时均使用了当时比较流行的保护生态平衡的提法。时任全国人大常委会委员、中国科学院地理研究所所长的黄秉维院士在讨论过程中指出平衡是动态的，自然界总是不断打破旧的平衡，建立新的平衡，所以用保护生态平衡不妥，应以保护生态环境替代保护生态平衡。会议接受了这一提法，最后形成了宪法第二十六条：国家保护和改善生活环境和生态环境，防治污染和其他公害。政府工作报告也采用了相似的表述。由于在宪法和政府工作报告中使用了这一提法，"生态环境"一词一直沿用至今。由于当时的宪法和政府工作报告都没有对名词做出解释，所以对其含义也一直争议至今。

4）环境保护

生态地理环境是由生物群落及其相关的无机环境共同组成的功能系统或称为生态系统。在特定的生态系统演变过程中，当其发展到一定稳定阶段时，各种对立因素通过食物链的相互制约作用，使其物质循环和能量交换达到一个相对稳定的平衡状态，从而保持了生态环境的稳定和平衡。如果环境负载超过了生态系统所能承受的极限，就可能导致生态系统的弱化或衰竭。人是生态系统中最积极、最活跃的因素，在人类社会的各个发展阶段，人类活动都会对生态环境产生影响。特别是近半个世纪以来，由于人口的迅猛增长和科学技术的飞速发展，人类既有空前强大的建设和创造能力，也有巨大的破坏和毁灭力量。一方面，人类活动增大了向自然索取资源的速度和规模，加剧了自然生态失衡，带来了一系列灾害；另一方面，人类本身也因自然规律的反馈作用，而遭到"报复"。因此，环境问题已成为举世关注的热点，有民意测验表明，环境污染的威胁相当于第三次世界大战，无论是在发达国家，还是在发展中国家，生态环境问题都已成为制约经济和社会发展的重大问题。

环境保护的范围有广义和狭义之分。狭义的环境保护指污染防治和生态恢复与建设等内容，广义的环境保护则在狭义环境保护基础上涵盖了资源的可持续开发与利用、人口等与可持续发展有关的内容。环境管理系列国家标准等采用环境管理系统国际标准（GB/T24000—ISO14000）给环境保护下的定义是：采取法律的、经济的、科学技术的综合措施，合理利用自然资源，防止由于人类活动引起自然生态破坏和环境污染，以保护自然环境和人类社会环境，保护自然生态平衡和扩大自然资源的再生产，保障社会的发展。

2. 环境保护的内容

环境保护的内容各国不尽相同，但一般包括两个方面：一是保护和改善环境质量，保护居民的身心健康，防止机体在环境污染影响下产生遗传变异和退化；二是合理开发利用自然资源，减少或消除有害物质进入环境，保护自然资源，加强生物多样性保护，维护生物资源的生产能力，使之得以恢复和扩大再生产。

我国宪法第二十六条规定"国家保护和改善生活环境和生态环境，防治污染和其他公害"，环境保护法第一条规定"为保护和改善生活环境和生态环境，防治污染和其他公害，保障人体健康，促进社会主义现代化建设的发展，制定本法"，从侧面说明了环境保护的范围。

3. 中国环境保护的原则

在我国环境保护工作的实践中，形成了"预防为主、防治结合""谁污染，谁治理"和"强化环境监督管理"三项环境基本政策。这三项环境政策已成为我国制定环境法律、法规、制度和标准的基本原则。

1）预防为主、防治结合

这一基本原则适用于环境保护的各个方面。现在实施的把环境保护纳入国民经济计划与社会发展中，进行综合平衡的做法，建设项目"三同时"制度、环境影响评价制度、清洁生产等都体现了这一原则。"预防为主"政策的基本思想是把消除污染、保护生态措施贯彻在经济开发和建设过程之前或之中，从根本上消除产生环境问题的要根，从而减轻事后治理所要付出的代价，对于不可逆影响具有尤其重要的作用。"防治结合"政策则是考虑到我国现有国情，由于技术的限制、经济水平的制约和生态系统自身的规律性，清洁生产只能在部分企业实现。如经济不发达地区没有资金保障引进使用先进的生产技术或设备，从理论上说，对很多自然资源的使用率不可能达到百分之百，自然资源的使用速度直接决定了废弃物的产出速度。对于这部分生产活动，既然不能从源头上制止对环境的破坏，就必须保证末端治理的切实有效。

2）谁污染，谁治理（污染者付费原则）

污染者付费原则体现了将社会生产生活中的环境外部性内部化的思想。其基本思想是：治理污染、保护环境是对环境造成污染和其他公害的单位或个人的不可推卸的责任和义务，污染者必须负担并补偿由于污染产生的环境损坏及治理污染所需要的费用。它划清了污染者的环境和经济责任，明确了治理资金的筹措渠道。排污收费制度即是由此而来的。

3）强化环境监督管理

这是三项基本政策的核心。这项政策的主要内容有：加强环境保护立法和执法。建立环境管理机构和全国性环境保护管理网络，提供各种技术和信息支持。积极开展环境监理工作，并采用环境审计等手段增强管理的力度和频度。动员公众参与环境保护的监督管理，形成群众性的监督网；普及环境科学知识，增强全民族的环境意识。

4. 中国环境保护的措施

1）实施可持续发展战略

确立环境保护为中国的一项基本国策。制定经济建设、城乡建设和环境建设同步规划、同步实施、同步发展，实现经济效益、社会效益和环境效益相统一的指导方针。"十三五"规划强调创新、协调、绿色、开放、共享的发展理念，把增进人民福祉、促进人的全面发展作为发展的最终目标，将生态文明、绿色发展融入经济社会发展的各个方面，着力提高发展的质量和效益，提高发展的公平性和可持续性。

2）逐步完善的法律体系与管理体制

中国重视环境法制建设，目前已经形成了以《中华人民共和国宪法》为基础，以《中华人民共和国环境保护法》为主体的环境法律体系。并针对特定的环境保护对象制定颁布了多项环境保护专门法规与条例、行政法规，以及与环境保护相关的资源法，包括：《中华人民共和国水污染防治法》《中华人民共和国大气污染防治法》《中华人民共和国固体废物污染环境防治法》《中华人民共和国海洋环境保护法》《中华人民共和国森林法》《中华人民共和国噪声污染防治条例》《中华人民共和国自然保护区条例》《中华人民共和国放射性同位素与射线装置放射防护条例》《中华人民共和国危险化学品安全管理条例》等。在建立健全环境法律体系的过程中，中国把环境执法放在与环境立法同等重要的位置，开辟了人民群众反映环境问题的渠道，加强了新闻媒介对环境违法行为的揭露和曝光。同样重视环境管理体制建设，建立起由全国人民代表大会立法监督，各级政府负责实施，环境保护行政主管部门统一监督管理，各有关部门依照法律规定实施监督管理的体制。

3）工业污染防治和城市环境综合整治

实现工业污染防治的战略转变。中国在建立社会主义市场经济体制的过程中，转变传统的发展战略，推行清洁生产，走可持续发展道路。在工业污染防治的指导思想上确立"三个转变"，即：在污染防治基本战略上，从侧重污染的末端治理逐步转变为工业生产全过程控制；在污染物排放控制上，由重浓度控制转变为浓度与总量控制相结合；在污染治理方式上，由重分散的点源治理转变为集中控制与分散治理相结合，编制城市总体规划，调整城市功能布局。把保护和改善城市生态环境、防治污染和其他公害等环境保护内容纳入城市总体规划。许多城市根据总体规划的要求，在老区改造和新区开发中，按照城市功能分区，调整工业布局，加大工业污染防治力度，改变工厂和居民混杂状况，从生产和生活两个方面控制城市环境污染，建成一大批布局合理、社会服务功能齐全的住宅小区。

4）国土整治与农村环境保护

主要江河湖泊开发整治成效显著。对长江中下游、黄河下游、淮河、海河、松花江、辽河、太湖等主要江河湖泊的重要堤防继续进行加高、加固、河道整治和分滞洪区建设。

积极推进跨流域调水工程的规划和建设工作，组织开展了实施南水北调中、东、西线工程的全面论证工作。全面推进土地保护、开发与整治。加强了建设用地计划管理，较好地控制了建设用地总量和结构，中国政府重视水土保持工作，发展生态农业，荒山荒坡得到治理，森林覆盖率大幅度提高，有效地防止了水土流失、土壤有机质含量提高，改善了生态环境和农业条件。全国农村开发与推广省柴节煤灶、沼气、太阳能、风能、地热和小水电等技术。乡镇企业污染防治有所加强。

5）生态环境与生物多样性的保护

组织开展大规模的植树造林，加强了森林资源培育、保护和管理，合理利用森林资源，重视林业生态工程建设。加强对草地资源的保护与管理，严禁乱垦滥挖滥牧，实行国家、集体、个人相结合的形式，加大了草场建设和治理草地沙化、退化的力度。先后确立了以保护和改善自然生态环境、实现资源永续利用为主要目标的十大林业生态工程。中国已颁布了一系列海洋环境保护的法律法规，建立了全国海洋环境监测监视网络，完成了近岸海域环境功能区划，对近岸海域的建设项目、海洋石油勘探开发和海洋倾废活动实施了有效的环境管理，开展了防治赤潮、保护近海渔业资源等工作，建立国家级海洋自然保护区。中国政府在生物多样性保护方面采取就地保护和迁地保护相结合的途径，建立自然保护区、各种引种繁育中心（基地）和基因库，制定了《中国自然保护纲要》《中国生物多样性保护行动计划》，制定了生物多样性保护的方针、战略，以及重点领域和优先项目。

6）环境科学技术和环境宣传教育

环境科学技术研究领域不断拓展。环境保护科研机构和研究队伍不断壮大。组织环境保护最佳实用技术筛选、评价和推广工作。扶植环境保护产业的发展。实施环境标志计划。搞好环境宣传教育，普及环保知识，增强环境意识，逐步形成良好的环境道德风尚。动员全社会广泛参与环境宣传教育活动，环境专业教育为环保事业输送大批科技与管理人才。

7）积极推进环境保护领域的国际合作

中国支持并积极参与联合国系统开展的环境事务，与世界各地环境保护组织保持密切的合作关系，在多项环境问题上进行交流与合作，签订一系列环境保护公约。

1.4　研究内容及方法

1.4.1　研究内容

1. 南水北调中线工程水源区生态环境保护路径

1）路径一：生态产业耦合协调发展

重点研究生态产业耦合系统的形成机理和生态产业耦合系统的运行机制。

（1）生态产业耦合系统的形成机理

以南水北调核心水源区南阳市为对象，详细分析产业结构的现状、特征及趋势，确定生态产业耦合的基础条件；从产业间关联角度诠释河南水源区生态产业耦合系统形成的动力因素，绘制耦合系统的动力来源结构图，并从自组织演化和他组织演化两个角度对耦合系统形成的动力机制进行探讨；按照产业耦合系统必须取得自然、经济、社会、环境和技术规律五类规律相互作用的协同效应的指导思想，构建生态耦合系统；从宏观、中观及微观层面分析南水北调中线水源区生态产业耦合系统形成与演化过程中的影响因素，并定性分析各种因素的作用机制，为后续敏感因素的挖掘奠定基础。

（2）生态产业耦合系统的运行机制

依据演化博弈理论，建立耦合系统不同利益主体之间的演化博弈模型，以中央的政策受益函数为标准，比较中央强化统一管理的效益与地方政府分散管理的效益，从而研究生态产业耦合系统的资源管理模式及发展趋势。采用哈密顿（Hamiltonian）方程建立耦合系统中不同种类资源利用的社会福利函数；通过雅可比（Jacobian）矩阵近似线性化已建立的社会福利函数模型，得到耦合系统中各控制变量和状态变量的稳定状态取值，从而解决耦合系统中资源的最优利用问题。利用演化博弈论相关理论，分析耦合系统中利益相关者的博弈行为，构建基于超额利益分配的耦合系统演化博弈模型。求解该博弈模型的均衡状态，依据求解结果设计系统超额利益分配机制。

（3）生态产业耦合系统演化分析

构建水源区生态产业耦合系统的熵模型，并给出单一生态产业的熵变阈值；分析影响耦合系统熵值的主要因素；从内部和外部两个维度，构建综合考虑生态产业耦合速度和规模因素的耦合系统熵模型。综合应用熵变理论与突变理论，探究南水北调中线河南水源区生态产业耦合系统从无序到有序的演化规律，以及在能量流、物质流、信息流的作用下如何演化成动态稳定的有序结构。在此基础上，给出保持产业耦合系统稳定性的途径，以促进水源区生态产业的可持续发展。

（4）生态产业耦合系统的系统动力学（system dynamic，SD）模型及发展策略

构建水源区生态产业耦合系统的 SD 模型，并进行仿真实验。

2）路径二：水生态环境与经济耦合协调发展

（1）水生态环境与经济耦合协调分析

a. 水源区水生态环境与经济发展现状及演变过程分析。水源区水生态环境与经济发展受很多因素的影响，其中，工程建设的影响最直接，本部分内容将以南水北调中线工程建设作为时间节点，选取反映水生态环境与经济发展变化的主要指标，分析水源区水生态环境与经济发展在不同时间段的具体状况，并以长时间尺度数据为基础，描述水生态环境与经济发展的时空演变过程。

b. 水源区水生态环境与经济耦合协调度评价指标体系构建。水源区水生态环境与经济耦合协调度评价是在水生态环境子系统与经济发展子系统评价基础上进行的，本部分

内容将选取反映各子系统发展水平的主要因素作为评价指标，并对各子系统下的指标赋权，为计算耦合协调度奠定基础。

c. 水源区水生态环境与经济耦合协调度评价。在评价指标体系基础上，算出各系统得分，并按时、空两个维度计算水生态环境与经济耦合度，由于耦合度只能反映系统要素的相似性，为了更好地表征水生态环境与经济的发展水平及其协调性，需进一步构造耦合协调度模型，计算二者的耦合协调度。

（2）水生态环境与经济耦合协调度空间分异特征分析

a. 水源区水生态环境与经济耦合协调空间分布格局分析。根据水生态环境与经济耦合协调度时间维度计算结果，画出曲线图，并由此判断系统的总体发展态势。根据空间维度计算结果，绘制空间分布图，分析空间分布特征，并结合外部条件情况，分析耦合协调度变化原因。

b. 水源区水生态环境与经济耦合协调系统空间聚类特征及演化过程分析。空间分布图只能反映系统的空间分布特征，不能反映空间邻接或邻近研究单元是否存在空间相聚，本部分内容主要对空间集聚特征进行分析，通过相关指标计算进一步判断空间集聚是高值集聚还是低值集聚。通过局部热点区域的演化情况及识别不同研究单元对系统的贡献程度，分析空间演化过程。

（3）水生态环境与经济耦合协调系统的形成机理分析

a. 系统协调发展的驱动力来源分析。水生态环境与经济系统的状态不是一成不变的，而是水生态环境系统与经济系统间从无序到有序，从耦合到协调，再到耦合到协调的螺旋上升过程，最终实现系统协调发展，这一过程是自组织和他组织共同作用的结果。水源区水生态环境与经济协调发展受市场、政策、科技等因素的综合影响，本项目将结合南水北调中线水源区水生态环境与经济协调发展的实际情况，征求相关专家的意见，探索系统从无序到有序，从耦合到协调发展的驱动力来源。

b. 驱动力时间异质性分析。在驱动力来源确定基础上，找出驱动力中的具体因素，以长时间尺度数据为基础，计算出各要素对水生态环境与经济耦合协调度的影响力，并按影响力对各要素排序，分析水生态环境与经济协调系统的形成机理。

c. 驱动力空间异质性分析。为进一步分析影响因素及水生态环境与经济耦合协调度匹配的区域差异，基于以上分析，选择不同典型时间截面的不同首要影响因素，对耦合协调度分级和各要素聚类分级进行耦合匹配分析，绘制耦合协调度与要素水平空间匹配分布图。

d. 水生态环境与经济耦合协调系统的驱动机制分析。水生态环境与经济耦合协调发展是驱动因素作用于驱动力，并形成驱动机制，本部分内容在驱动力时间和空间异质性分析基础上，分析耦合协调系统的驱动机制。

（4）水生态环境与经济耦合协调系统 SD 模型构建及调控策略

在前文识别系统主要影响因素基础上，构建水源区水生态环境与经济耦合协调的系统动力学模型，在原系统结构的基础上，通过调整系统驱动力因素的取值，构建不同的实验方案与系统仿真实验，预测系统的发展趋势。根据水生态环境与经济所处协调阶段，结合水源区现实条件，提出针对性调控策略。

2. 南水北调中线工程水源区生态环境保护体制机制构建

1）基于水生态功能单元的南水北调中线工程水源区协调治理机制构建

首先，从水土流失、总污染物浓度和石漠化现象分析南水北调中线工程水源区生态环境存在的问题；其次，从自然、人为、管理、监控能力等方面分析水源区生态治理的制约因素。

将水源区按不同原则分层次划分成若干水生态功能单元，计算各水生态功能单元生态安全值，为实现水生态系统差别化管理和水质目标管理提供支撑。进一步分析中线水源地生态协调治理的必要性、可行性，构建基于演化博弈的南水北调中线水源区生态协调治理模型，进而实现各治理主体利益共赢。

2）南水北调中线工程水源区生态环境保护的动态调控机制构建

结合前文的水源区生态环境保护路径，分别建立生态产业耦合和水生态环境与经济耦合的系统动力学模型，设计动态调控策略，经过仿真进行策略调整，实现动态调控。

3）南水北调中线工程水源区生态环境保护保障机制构建

要想实现南水北调中线工程水源区生态环境保护的总目标，按之前建立的路径和机制运行，需要从组织、信息和资源三个方面实现保障。

1.4.2 研究方法

1. 系统分析方法

将生态产业耦合系统作为一个复合系统，对其进行系统分析，找出系统之间耦合的要素，明确耦合内容，分析耦合系统的结构、阐述耦合系统的功能和特性，运用系统的思想寻求解决问题的方法。

2. 熵分析法

运用熵的相关理论与方法，建立生态产业耦合系统的熵模型，通过对生态产业耦合系统进行速度熵和规模熵的判别和分析，剖析耦合系统的演化路径。

3. 演化博弈分析方法

利用演化博弈分析方法，在构建耦合系统多利益主体的博弈模型及求解演化博弈均衡点的基础上，进行耦合系统的资源产权管理、资源优化配置、超额利益分配等机制的设计和分析，为耦合系统的稳定运行提供保障。

4. 现场调查法

选取水源区中涉及县（市）较多的南阳市、安康市、汉中市、商洛市、十堰市作为典型区域调查，主要调查方法有统计数据收集、问卷调查、现场调研三种方式，按照调研方法，将调研分为两个阶段：第一阶段是统计数据收集，第二阶段是问卷调查与现场调研，选取调查地区1995～2015年间20年的时间序列数据，分析调查指标变化情况，重点分析工程建设前后指标的变化情况，并按横向（空间）比较与纵向（时间）比较结果，绘制水源区水生态环境时空演变过程图，分析系统演变规律。

5. 仿真实验法

构建水源区水生态环境与经济耦合系统动力学仿真模型。在原系统结构的基础上，通过调整系统驱动力因素的取值，构建不同的实验方案，利用 iThink 软件进行系统仿真实验，预测系统的发展趋势，寻求系统敏感性变量，为调控策略研究奠定基础。

1.5　研究的重点及难点

南水北调中线工程水源区既承担着"一江清水往北送"的使命，又担负着水源区人民生活水平提高的责任，因此，如何协调二者的关系成为本书的第一个重点和难点。水源区生态环境保护路径找到后如何协调各治理主体的利益，保障实施的动态性和有效性是本书的第二个重点和难点，具体如下。

（1）水源区生态环境保护与经济发展的协调问题，重点从生态环境保护路径入手，即经济发展要在生态保护的基础上开展，同时要考虑生态环境与经济的相互作用及影响。本书探索的水源区生态环境保护的路径一：生态产业耦合协调发展，即发展生态产业，构建生态耦合系统。并以南水北调中线河南水源区为例，详细分析了生态产业耦合系统的形成机理，基于演化博弈视角分析生态产业耦合系统的运行机制，基于熵变模型分析系统演化过程，并运用系统动力学模型进行仿真实验，模拟系统的运行趋势，进而提出针对性的对策和建议。水源区生态环境保护的路径二：水生态环境与经济耦合协调发展，即构建水源区水生态环境与经济耦合协调发展评价模型，分析其空间分布特征及演化过程，并对系统协调发展的驱动力进行分析。再利用系统动力学模型对系统发展趋势进行仿真模拟，根据仿真模拟结果提出对策建议，使系统朝着更协调的方向发展。

（2）水源区生态环境保护的机制构建问题，对于多主体治理现状，构建基于水生态功能单元的水源区协调治理机制，打破现有的行政划分为主的治理机制。对于生态环境保护策略的动态性问题，构建了水源区生态环境保护的动态调控机制，从策略设计、策略仿真、策略调整来分析动态调控机制的运行过程。对于生态环境保护政策的保障性问题，从组织保障和信息资源保障两个角度构建水源区生态环境保护政策实施的保障机制。

第 2 章 国内外跨流域调水工程生态环境保护的经验、问题及启示

2.1 国外跨流域调水工程及生态环境保护的经验和问题

2.1.1 国外跨流域调水工程生态环境保护的经验

20 世纪以来，国外许多国家已经把以流域为单元管理水资源和公共水环境，跨区域调水作为合理配置水资源的一种管理模式，并取得了成功的经验和模式，值得借鉴。

1. 健全的政策法规

调水工程的正常运行及生态环境保护需要政策法规作保障，国外成功的调水工程基本上都针对性地制定了相关的法律法规。美国现已建有十几项跨流域调水工程，和其他自然资源法不同，各州制定自己的水资源法律。如在著名的跨流域北水南调工程完成后，加利福尼亚州便确定了水资源法的管理框架；在 1956 年建设水道工程的同时，加利福尼亚州成立了水资源部，该水资源部负责加州水资源的开发和保护。在启动中央河谷工程项目时，美国和加州都有针对该项目的立法。1933 年，加州制定并审议通过了《加州中央河谷工程法案》，1899 年，美国制定并审议出台了《河流与港口法案》，1948 年，又出台《联邦水污染控制法（FWPCA）》。环保实践中，美国坚持"无侵害"原则，颁布并实施了多项水资源环保政策，展现了美国对生态环境的法律意志，体现了美国对于生态保护的重视。对于跨流域调水，加拿大已从单目标管理逐渐转变为多目标综合管理，这种转变有利于促进属地政府间的合作协同，从而保护地区生态。在澳大利亚，《维多利亚水法》对州政府的权力进行了规定。

2. 统一的政府管理模式

健全的法律法规、统一的管理机构和一致的管理模式是国外治理跨流域大型调水工程生态环境保护的成功经验。作为国家意志的执行者，政府有优势、有能力和责任主导跨流域调水工程生态环境的治理工作。在跨流域调水工程生态治理实践中，巴基斯坦、澳大利亚、美国等国家表现出较强的政府治理行为。如巴基斯坦为开发利用印度河资源，于 1958 年成立水电管理局，该管理局负责西水东调工程的印度河调水计划及生态环境保护，从而更好地服务巴基斯坦的经济发展；澳大利亚专门为雪山调水工程成立了默累-达令河流域委员会，该委员会负责同一流域的水资源调度，是雪山调水工程的最高权力机构，为跨流域雪山调水工程的良好运作提供了保障；为有效治理科罗拉多流域水污染，

美国政府成立联邦政府机构及子机构，制定了水权交易及分配原则，建立《田纳西河流域管理局法》，并设立科罗拉多流域协调委员会，用以负责田纳西河流域的环境保护和跨界水权管理；美国亚利桑那州的皮马、皮纳尔、马里科帕 3 个县成立了亚利桑那水土保持管理局，该管理局负责该亚利桑那调水工程的管理和运行。

2.1.2　国外跨流域调水工程生态环境保护存在的问题

为有效运行跨流域调水工程，实现其社会效益和经济效益，不仅需要从工程视角解读，还需要从经济视角加以考虑，需要建立相应的激励、惩戒和补偿制度，尽可能减小跨流域调水工程的负面效应。在跨流域调水工程实践中，国外重视评估调水工程对生态环境的各种影响，特别是不利影响，进而研究对生态环境的防治与保护措施。但国外跨流域调水工程初期对生态环境问题关注不够，特别是没有涉及调水工程的生态补偿问题。由于前期设计没有预见工程运行对生态环境的可能影响，导致后期工程运行必须采取一系列措施阻止生态恶化，如澳大利亚的雪山调水工程，在 20 世纪 40 年代规划之初，雪山工程没有考虑水源区及输水线的水质安全防护，后来随着经济的发展及人口的增加，在受水区需水量愈来愈大的同时，经济发展及人口增加所产生的各种污染物亦随之增加，再加上人为因素导致的水资源管理不当及自然因素引发的水源区径流量减少等原因，导致了流域的生态功能退化。

另外，由于前期研究不充分或评估不准确，加上生态保护和治理政策及措施等不到位，早期的调水工程常引发许多问题，如水质和水生生物发生变化、河床不稳定等。

2.2　国内跨流域调水工程及生态环境保护的经验和问题

2.2.1　国内跨流域调水工程生态环境保护的经验

1. 完善的法治保障

随着经济发展和社会进步，人们的健康意识和环保理念愈来愈强，水资源的重要性愈来愈被人们所认识，并且从国家层面也制定了保护水资源的相关法律政策。和以前不同的是，现今的水资源保护法律法规更加完善和细致，为水生态的健康发展提供了保障。在诸多跨流域调水工程落成后，特别是南水北调工程通水后，中共中央和国务院下发了关于做好水资源保护工作的系列指示，响应中央系列精神，包括南水北调办（2018 年并入水利部）、原环保总局、水利部及国家发展和改革委员会的诸部委联合编制了《丹江口库区及上游水污染防治和水土保持"十三五"规划》，以确保南水北调中线水资源安全。

2. 健全的生态补偿机制

国内从 20 世纪末开始逐步意识到生态可持续发展的重要意义，非常重视跨流域调水工程的生态环境治理，并对水源地进行生态补偿，补偿形式以政府财政转移补偿为主，以生态补偿基金为辅。如江西东江源区生态补偿，补偿责任由广东省与香港特别行政区承担，补偿原则是"谁受益、谁补偿"，补偿的主体是中央财政，补偿的对象是水源地东江源区。江西东江源区生态补偿采用经济补偿加试验区优惠政策补偿的综合补偿方式，操作更加灵活机动。国家每年拨付 2.6 亿元专项资金作财政补偿，香港和广东每年支付 26.5 亿资金作生态补偿，另外，在东江中下游建立生态补偿试验区，并通过制定相关的优惠政策保障东江源区的招商引资，从而利用经济发展效益进行深度生态环境补偿。

3. 完善的生态环境治理防控体系

比较有代表性的是南水北调东线工程的"治用保"防控体系。"治"是全过程污染防治，治污是南水北调工程的重点，也是难点。南水北调东线工程建设之初，中国的水污染形势十分严峻，所以南水北调东线工程承载了水生态治理的历史重任。为确保东线工程的目标实现，通水前，东线一期全线氨氮含量须减少 2.8 万 t，减削率达 84%，等于是让"酱油湖"变清，这在全球范围内尚未有先例。"用"是合理利用达标中水，"保"是流域生态修复和保护。经过 12 年的治理，沿线水污染防治工作取得了显著成效，按照国家确定的评价指标，山东省输水干线测点基本达到地表水三类标准，对水质要求比较严格的"娇气"鱼类如小银鱼、鳜鱼、毛刀鱼、麻坡鱼等，在南四湖重现。

4. 项目运行引入法人制

为了确保建设优质项目，国内的跨流域调水工程多数引入法人制，如引滦入津工程共有 8 个管理处或公司，负责工程的运行和日常管理。南水北调工程亦引入了法人制。按照政府、企业和人事相互独立原则，在项目法人的主导下，南水北调工程积极尝试新的管理模式，即将直接管理、委托管理相结合，大力推动代建制，并严格实行合同、招标承包及建设监理事务等方面管理。为保证南水北调工程的顺利实施，对于主体工程建设，根据《南水北调工程项目法人组建方案》，相继组建了中线干线有限责任公司和中线水源有限责任公司、东线山东干线有限责任公司和东线江苏水源有限责任公司。为发挥工程沿线各属地政府的职能作用，部分工程委托代建管理，由项目法人将部分工程项目以合同形式委托给所在属地组织建设。

2.2.2　国内跨流域调水工程生态环境保护存在的问题

1. 治理目标太笼统

虽然在政策法规中明确规定跨流域调水工程的生态环境总体目标，但对于参与的水源地、受水地、输水地等不同区域、不同主体的分目标还不太明确，作为"理性经济人"的地方政府重视地区利益高于水源区整体利益，重视经济发展高于环境保护，个体理性导致集体的非理性，地方政府之间的利益博弈容易造成政府失灵及公地悲剧。

2. 治理主体责任不清

由于跨流域调水工程涉及行政区域复杂，很多区域不在同一个行政级别，即使明确了各主体的生态目标，但是治理碎片化、部门职责交叉、权责不清，如现行的南水北调中线水源区主要由中央南水北调办到省、市、县南水北调办（2018年并入水利部）及相关部门进行治理，其实质是属地管理，这造成了水源地治理的碎片化、分散化，从而与水资源的整体性相矛盾，造成了部门的权责交叉和职责不清。

3. 治理方式单一

目前国内跨流域调水生态环境治理主要采取行政手段，经济、法律等手段较弱。单一的治理模式导致治理的效果不太明显。

2.3 国内外跨流域调水工程生态环境保护对南水北调中线工程的启示

纵观国内外跨流域调水工程的生态治理经验，其共同特点是：流域管理机构与区域管理机构相协调、流域治理与区域治理相结合；在流域宏观调控基础上，在水资源配置方面引入市场机制；扩大公众参与，建立流域内地方政府与部门代表参与的决策与议事机构。这些经验和问题也为南水北调中线工程水源区生态环境治理带来如下启示。

（1）统一分区、统一目标、统一规划。根据水资源的自然属性和社会属性，按照水资源对不同区域的生态影响，打破水资源流域的自然行政区划，把水资源流域统一划分为调水区、输水区和受水区。进而按照一定的原则，将水资源流域划分为不同的生态单元，并根据生态单元特点确定生态保护时间、范围和目标。通过统一规划，使水资源流域、区域的生态保护与调水工程的生态保护相衔接、相协调。

（2）防治结合、预防为主、保护优先。坚持防治结合、预防为主、保护优先的生态保护方针。对各类水生态保护区和管理区，经济、行政和法治手段多管齐下，制定相应管理政策、借助先进科技手段，高效投入防治资源并采取必要工程措施，消减调水对水源及生态的不利影响，切实实现对水生态环境的有效保护。

第3章 南水北调中线工程水源区生态环境保护概述

3.1 南水北调中线工程水源区概况

3.1.1 水源区范围

南水北调中线工程是一项跨世纪的恢宏水利工程，其源头在丹江口水库，在有"天下第一渠首"美誉之称的河南省淅川县九重镇的渠首开挖，途经淮河流域与长江流域的分水岭方城垭口，沿华北平原中西部边缘蜿蜒行渠，在河南荥阳市穿过黄河，沿京广铁路西侧向北流到颐和园团城湖。

按国家划定，南水北调中线工程的水源区包括丹江口库区及其上游地区，涉及河南、陕西、湖北、四川4省11市46县。其东部和南部分别是南阳盆地和大巴山脉，北面以秦岭黄河流域为界，东北部以伏牛山与淮河流域为界，西南部以米仓山与嘉陵江流域为界，流域面积共约 10 万 km^2（朱九龙等，2017）。

3.1.2 水源区地理状况

南水北调中线的水源区以丹江口水库为中心，介于秦巴山地与伏牛山系和米仓山脉之间，水库周边群山高坡陡，地貌多以山地、丘陵为主，地质结构复杂，矿产资源种类较多。水源地是北亚热带季风气候，其库区及上游雨量充沛，水资源极为丰富。水源地北依秦岭，南靠大巴山，加之农村大量剩余劳动力的存在，致使乱垦滥伐现象时有发生，水土流失严重，灾害频繁，生态环境极其脆弱。

3.2 南水北调中线工程水源区发展现状

3.2.1 经济发展现状

由于自然条件等诸多条件限制,丹江口库区及其上游地区业已具备一定的发展基础，但经济社会发展总体水平较低。截至 2016 年，水源地人口数量约 1575 万，其中，农村人口占比超过 85%，比重较大。水源地经济欠发达，三产结构严重失衡，以粗放式的农业生产为主，85%左右的县市人均 GDP 长期低于全国平均水平。在农业生产过程中，大量化肥、农药等工业物质的使用给水源区带来了较严重的面源污染。同时，水源地居民环保意识不到位，不合理的土地利用加速了水源区生态环境的恶化，恶化的生态环境又进一步阻碍了经济的发展，使得水源地经济发展总体水平较低。2016 年南水北调中线水源区行政区划详情见表 3-1。

表 3-1　南水北调中线水源区行政区划情况表

省份	地市	县（市、区）	县数/个	气候特征及地带性	日照时数/h	年平均气温/℃	年平均降水量/mm	GDP/亿元	人口/万人
陕西	汉中	南郑区、汉台区、洋县、城固县、勉县、西乡县、略阳县、宁强县、镇巴县、留坝县、佛坪县	11	北亚热带湿润季风气候	1530	16.2	563	1157.26	344.63
	宝鸡	太白县、凤县	2	温带季风气候	1728.1	15	487	191.65	15.92
	安康	汉阴、汉滨区、宁陕县、石泉县、岚皋县、紫阳县、平利县、镇坪县、旬阳市、白河县	10	亚热带大陆性季风气候	1796.8	17.1	748	852.21	265.6
	商洛	洛南县、商州区、商南县、丹凤县、镇安县、山阳县、柞水县	7	温带季风气候、亚热带季风气候	1996.4	13.9	657	698.34	237.17
	西安	周至县	1	温带季风气候	2140.3	15.8	456	114.99	58.5
湖北	十堰	郧阳区、丹江口市、竹山县、郧西县、房县、竹溪县、茅箭区、张湾区	8	亚热带季风性湿润气候	1303	15.4	769.6	1343.68	341.88
	神农架	神农架林区	1	亚热带季风气候	1858.3	17.2	1650	23.06	7.69
河南	三门峡	卢氏县	1	大陆性季风气候	2261.7	14.3	600.6	81.59	36.83
	洛阳	栾川县	1	暖温带大陆性季风气候	2141.6	15	639.9	164.37	34.21
	南阳	西峡县、内乡县、淅川县	3	亚热带季风气候	1897.9	16.3	772.8	618.75	191.25
四川	达州	万源市	1	亚热带季风气候	1273.4	18.5	1131.5	125.7	41.62

3.2.2　产业发展现状

　　水源地区域整体上处于工业化中期，产业发展不均衡。其中大部分区域还是以传统生态农业为主；工业具有一定的基础，以机械制造、矿产采选及加工、中药和特色农副产品加工为主导的产业体系基本形成；旅游业结合当地特色对当地经济起着一定的带动作用；新型的优势产业正在兴起，如以"中国卡车之都"十堰、中国最大的光学冷加工基地南阳等城市开启的新能源专用车、装备制造、农业深加工等产业，但为了保障水源区的水质，受产业、交通、生态等领域的政策等限制，产业发展受到严格限制。总体而言，南水北调中线水源区产业发展现状呈现传统产业比重大、产业结构层级和有序度低、产业关联松散、产业生态化及产业间耦合度有待提高、资源投资效率有待提高等特点。

3.2.3　移民现状

南水北调移民安置工作一直是影响中线工程决策的重大问题，原计划中线工程丹江口库区共移民搬迁 16.2 万人，于 2013 年底完成。遗憾的是，2003 年国家"停建令"的颁发导致库区基建投入大幅削减，基础建设严重滞后，农村社会经济发展能力受到很大影响，大部分库区农民依然住着潮湿、低矮、阴暗的土坯房，一些房屋更是四面漏雨透风，大有将倾之势，为了早日解决这些问题，河南省于 2009 年 7 月 3 日启动了库区移民的专题调研，多渠道听取广大移民群众意见，并于 2009 年 7 月 24 日，中共河南省委省政府给全省各有关部门下发了《河南省南水北调丹江口库区移民安置工作实施方案》，该方案务实理性，其核心内容可精练为两句话，即"四年任务，两年完成"，移民完成由原计划的 2013 年 12 月底提前到 2011 年 8 月底，完美体现了完成移民任务的担当和乐观精神。

1. 移民总要求

方案要求移民迁安工作须遵循"四为主""三结合"原则，其中，"四为主"分别是集镇迁建以当地乡镇一级政府为主、农村迁移安置以县乡政府两地两级为主、行业项目迁移以行业主管部门为主、企业迁移以其主管部门或法人为主；"三结合"分别是社会主义新农村建设与移民迁安相结合、农村经济社会发展与移民迁安相结合、促进农村和谐稳定与移民迁安相结合。县乡各级政府目标考核均将移民迁安工作纳入指标体系，不能如期完成移民任务的，政绩考核一票否决。

2. 任务

南水北调移民迁安工作中，涉及河南省农村 161310 人，其中试点移民 10627 人，并计划分别于 2011 年 12 月和 2010 年 8 月底前完成搬迁安置工作。库区大规模移民迁安工作分两步走，首批移民 61457 人，迁安工作计划于 2009 年 10 月启动和 2010 年 8 月底前完成；第二批移民 89226 人，迁安工作计划于 2010 年 5 月启动和 2011 年下半年完成。

3. 移民过程

按照移民安置工作计划，河南省试点移民工作于 2009 年 10 月启动。因此，于 2009 年 7 月 29 日，在河南省南阳市淅川举行了移民安置动员大会，并于 2009 年 8 月 3 日上午成立了移民安置指挥部，揭开了移民安置工作的序幕。1.1 万名试点移民搬迁开始后，按照部署，分期分批顺利完成了安置任务。紧接着，分别于 2019 年 9 月和 2011 年 8 月，顺利完成首批 6.49 万移民和第二批 8.61 万移民的搬迁任务。于 2011 年 8 月 25 日，河南省滔河乡张庄村最后 1192 人迁离库区，河南省农村移民的迁安任务基本完成。在整个搬迁过程中，各方上下一致，齐心协力，完美展现了库区人民小家让大家的家国情怀。至此,加上湖北省已经结束的18.2万移民迁安工作,南水北调中线工程移民迁安工作胜利完成。

经过了十余年的发展,水源区移民生产生活条件得到初步改善,但也凸显出了各种问题:一方面由于人多地少,人均耕地面积严重不足且相当一部分土地为坡耕地,众多移民种植水库消落地,靠天吃饭,种不保收,为了生存,部分移民毁林开荒,促使生态环境逆向发展,加剧了水土流失现象;另一方面受自然条件影响,搬迁到平原地区后,没有了有山吃山、有水吃水的天然优势,加上文化水平偏低,从事不了其他技术含量较高的工作,很难实现原材料的深加工,各种农产资源无法及时运出,收入水平大幅度降低,造成水源地移民的收入与周边经济相对发达的地区相比还是有差距,所以水源地区依然是扶贫工作的重点。更为关键的是搬迁之后的土地数量少于原居住地,政府无法保证搬迁之后移民群众的基本收入与原来收入水平相比持平或更高,使得移民群众不愿意搬迁,也有部分移民群众搬迁后再返回去。

3.3 南水北调中线工程水源区生态环境现状

3.3.1 生态环境影响因素分析

南水北调工程项目自开工以来,中央和库区各地各级政府做了大量的生态环境保护工作,虽然取得了一些成绩,但也存在着一些水体污染、水土流失等方面的问题,这些问题导致生态环境脆弱、生态系统受损。综合分析,影响因素有以下几个层面(蒋国富和白耕勤,2004;刘远书等,2015)。

1. 自然因素

1)气候因素

总的来说,由于受全球气候影响,水源地气候变化较大,一部分地区长期干旱,而另一部分地区则终年多雨,旱涝不均,这种现象加重了对水源区的危害。具体而言,水源地降雨量年内分布不均衡,汛期降雨量占比60%以上,使得水源地降雨集中,历时短,从而形成较大的地表径流量,这是造成水土流失的主要原因。近年来,因为年均降雨量有所减少,水源地病虫害活跃,生态环境的恶化态势有所加剧。

2)地貌因素

地形破碎、起伏陡峭和落差较大是水源地主要的地貌特点。据不完全统计,占比52%的流域面积坡度>25°,占比81%的流域面积坡度>5°,沟壑密度3~7km/km^2。地形特点易于形成径流汇并,加剧地表流对土壤的冲刷,从而造成土地侵蚀,破坏地表。

3)土壤、岩性

水源地内的黄棕壤占比较高,其特点是质地黏重、持水能力较差、生产能力较低且易于发生涝浸。而粗骨土和石质土的占比较低,它们常见于山丘地区和石质山地,因无植被覆盖，汛期易于形成大面积的径流侵蚀。岩性容易风化和遭受侵蚀，尤其是石灰岩和变质岩，因为大面积分布在浅山丘陵区域，它们抗侵蚀和降雨冲击的能力更差，更易于风化。

4）植被

因为种种原因，水源地现存的天然植被面积不大，生态系统的功能与结构趋于退化。由于过度伐采，天然植被的分布极不合理，除了深山区的河流源头尚有长势较差的天然林外，其他地方已不多见，防护效益低下。丘陵浅山区的森林资源少，人口密度大，垦殖指数高，况且又多是人工幼林，加上天然草地植被覆盖情况也很差，很多地方土壤瘠薄，地表裸露，根本无法实现保水保土作用，为水土流失重灾区。

总体说来，丘陵和山地是南水北调中线水源地区的主要地貌，特别是丹江口水库丘陵垄岗区，地形跌宕绵延，岗岭参差错落，土层较薄，十分复杂。种植业比例占农业总产值的 50% 以上。土壤以花岗岩、砂砾岩及片麻岩为主，容易风化，植被稀少，地表裸露，土层固结度较小，库区在 5～9 月降雨量较多，强度较大的集中降水加剧了水土流失。大量携带泥沙的水土进入水库后，将逐渐淤积河道水库，造成沟溪断流，灾害频发，地力减小。同时，由于植被毁损严重，导致水土流失，生态环境不断恶化，给库区带来严重危害。图 3-1 为水源地土地利用类型面积比例。

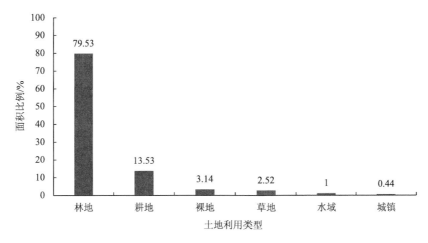

图 3-1　水源地土地利用类型的面积比例

2. 人为因素

1）人与自然矛盾

在一定的时期内，社会发展强化了人与自然的矛盾。一方面人口的大量增长，另一方面资源的相对不足，二者的矛盾促使人们违背自然规律，积极改造自然、征服自然，强行改变水源地合理的土地使用方式，人为实现不合理的土地利用生态，从而造成水土流失严重，土地生态系统无力脆弱。一方面，为了增加耕地面积，人们积极地垦荒、毁林；另一方面，受经济利益和消费欲望的驱使，人们又掠夺性开采矿山，超量采伐森林，这无疑会破坏原始植被生态系统，造成水土流失加重，植被、森林等自然资源逐渐匮乏，更加深化了人与自然的矛盾。

2）环境污染

工业化推动了城市化，城市化促进了工业化，随着工业化和城市化进程的加快，环境污染问题日趋严重。特别是工业废水和生活污水的排放，严重污染了工作区地表水体质量。另外，在农业生产中，农膜、化肥和农药等工业产品的大量应用，带给农业环境极大的污染和负担。

3）矿山开发无序

不可否认，矿山的无序开发给水源区生态环境带来了污染和破坏。受经济利益驱使，部分矿山开发者无视生态环境保护，对矿山资源实施无序粗暴开发，开采过程中，没有回填和复耕，且乱堆乱放毁废矿渣，造成矿井废弃，矿山裸露，严重破坏和污染了既有的生态环境。

4）生态环境保护机制不健全

生态环境的存续和维持必须有相应的生态保护机制，生态保护机制的不健全常常导致生态环境的破坏。在保护生态环境的实践中，部分执政者没有处理好长远利益和短期利益的关系，也没能处理好生态效益和经济效益的关系，没有形成切实有力的生态环境保护机制，从而造成了生态资源的不合理消耗和生态环境的严重退化。

另外，由于库区农村劳动人口多，经济收入主要靠农业，不合理地扩大粮食种植面积，片面追求经济效益，引起过度砍伐、垦荒、放牧。无计划的林木滥伐，形成了南水北调中线工程水源区滥伐与贫困状态交织的恶性循环，引发了越来越严重的生态问题。同时随着现代文明进入山区，现代工业开始落户水源区，伴随着工业经济的不断发展，其内涵和范围亦不断扩展，但建筑、交通及铁路等部门或行业疏忽了对生态环境的保护，随意开发土地，加重了经济发展过程中的水土流失和环境污染。

3. 管理因素

马克思主义认为，随着人类社会的发展，作为社会关系总和的人，兼有自然和社会双重属性。习近平总书记提出人类命运共同体思想，他认为，山水林田湖海等自然资源是人类生存和发展的基础，是自然身体的组成部分。从自然属性上看，水资源遵循的自然之道是"滴水汇溪，百川入海和江水东流"，它是与地理环境紧密相关的运行之理；从社会属性上看，水资源的空间分布决定了"属地管辖"的行政划分原则，该原则形成了"属地分割"的水资源治理与保护状况，造成了"各地治各水"的不和谐局面。

南水北调中线水源区涉及陕西、湖北、河南、四川4省，区域范围广，调水运作复杂。随着社会经济的发展，呈现出越来越多的水资源约束，因而，中国水资源管理的态势也愈加严峻，任务将越来越艰巨，越来越需要跨部门的、跨区域的立体协作。但遗憾的是，目前水源区的水资源治理并没有多位一体，水环境监测、管理单位各自为政，相互协作不足，管理体制尚不能完全满足流域管理和区域管理相结合的要求，市场不能发挥对水资源配置的基础作用，"多龙管水，政出多门"的问题依然没有统筹解决。政府在干预过程中，或者在制定政策时缺乏高效的监督管理机制和监督执法机制，没能很好地将水资源管理纳入法治轨道，水资源生态环境保护的政府责任意识不强，缺乏对民众进行水源地生态协调治理的意识引领；同时，因切实有效的水污染应急机制尚未建立，一旦发生重大突发性水污染事件，肯定难以较好应对。这也是造成南水北调中线工程水源区生态环境恶化的重要原因。

4. 监控能力不足

为了准确掌握水源地水质和生态环境的动态变化情况，应利用现有或引进高科技手段，构建水资源多维复杂参数管理系统，强化水源地生态环境的监测管理，从而实现对源头及其流域水资源的在线监测。并且，为了扩大水资源管理共享范围，可把系统信息录入上一级水环境监管网络。

目前，丹江口水源地水资源监测主要由各地方部门和流域机构完成，监测范围和内容都有待扩展，这种"属地监管"的操作方式缺乏更广泛的统一规划和管理，非常不利于污染的防治。加强污染监测，提高污染监测能力，必须要合理布局，科学规划，严格控制废污水的浓度和总量，及时有效地获取各类信息。

3.3.2　生态环境现状

本节主要从水资源开发利用状况、水土流失与水土保持状况、水资源可持续利用研究及污染源如面源污染方面阐述南水北调中线水源区生态环境现状。

1. 水资源开发利用状况

1）水资源开发利用历史演变

（1）1949 年前，农业灌溉是水源区内最重要的水资源开发利用模式（左其亭等，2018）。历史上，汉江上游流域占据十分关键的军事地理位置，大大促进了水源区工农业生产与水利事业的发展，为此，兴建了山河堰、杨填堰、五门堰等一些较为重要的水利枢纽工程。19 世纪 40 年代，水源区主要的灌溉工程有襄惠渠、汉惠渠、湑惠渠等水利工程。其中，"汉江第一渠"——汉惠渠于 1939～1944 年修建，该工程引汉江水灌溉沔县、褒城两县。襄惠渠于 1940 年冬全面动工兴建，到 1942 年 6 月渠成通水。湑惠渠于1935 年 3 月开始修建，并于 1937 年 12 月建成通水。

（2）20 世纪 50～70 年代，为保障生产生活用水需求，水源区内逐步兴建了大批水利工程与设施。1955 年，完成了强家湾水库的建设，该工程是陕西省内最早修建的水库。

作为南水北调中线工程的核心水源地——丹江口水库于 1958 年 9 月正式开工建设；同年 12 月，丹江口水库顺利实现截流；1967 年 11 月，水库下闸蓄水；1968 年 10 月；首台机组发电；1973 年 9 月，6 台机组全部建成投产；同年 11 月，升船机工程建成并投入运行，引水灌溉渠首也先后完工。至此，丹江口水利枢纽初期工程全面建成。1969 年，开始石门水库灌区的修建，历经 4 年多，已于 1973 年竣工。

（3）20 世纪 80～90 年代，为提高用水效能，水源区开始重视水资源综合利用和水污染防治工作。1984 年和 1987 年，长江流域规划办公室分别编制了《南水北调中线初期引汉工程规划阶段性报告》和《南水北调中线规划报告》；1988 年水利水电部递交了《汉江上游干流梯级开发规划报告》；1991 年 11 月，水电水利规划设计总院和水利部南水北调规划办公室在北京召开了《南水北调中线工程规划报告》和《南水北调中线工程初步可行性研究报告》审查会；1993 年 10 月水利部长江水利委员会编制了《汉江夹河以下干流河段综合利用规划报告》；1994 年 1 月，水利部审查并通过了长江水利委员会提出的《南水北调中线工程可行性研究报告》。1996 年修订的《中华人民共和国水污染防治法》转变了流域管理模式，通过结合行政区域管理，对解决水源区内流域健康问题及人水矛盾提供支撑。

（4）21 世纪后，为提高治理效能，水源区的水资源开发利用愈发突出水资源循环利用及可持续利用思想引领的趋势。为缓解南水北调中线工程调水产生的各种负面作用，2009 年 2 月，汉江中下游四项治理工程开工建设，2014 年 9 月，工程基本建成并投入运行。2010 年 12 月，水利部进一步实施了汉江流域水污染防治计划，力图控制流域的水污染状况，并缓解南水北调中线工程带来的水环境影响。2012 年 6 月，国务院以国函〔2012〕50 号文件批复了《丹江口库区及上游水污染防治和水土保持"十二五"规划》，以科学调整水资源利用方案的手段来进一步强化污染的防治管理。为缓解我国北方地区的用水矛盾，缩小用水缺口，2014 年 12 月，南水北调中线工程实行全线通水。

2）水资源开发利用现状及存在的问题

20 世纪 50 年代初开始，我国对汉江上游水资源展开了大规模的开发利用，取得了显著的成效，并逐步建成以堤防为主，干支流水库联合拦蓄的防汛救灾体系。1974 年完成了丹江口水利枢纽初期工程的全部建设，总装机容量达 90 万 kW，为汉江流域最大的水电站。加之喜河、石泉、安康、黄龙滩、石门等较大型水利工程的助力，很大程度地缓解了水源区的防洪抗旱问题，并发挥出了一定的发电、灌溉、航运等效益。然而，对水源区的开发利用及丹江口水库的建设在促进各地经济社会发展的同时，也带来了大量的生态环境和水资源问题，而这些问题的集中凸显和日益尖锐，不仅限制了水资源的可持续利用，也对整个水源区的调水工作造成了不利影响。

（1）影响汉江中下游的用水情况。南水北调中线工程的建设和使用不仅会改变流域内的水文地貌特征，也可能改变河流的天然径流模式和年内分配特点，同时常年持续调水还造成了汉江水位的持续偏低，从而对汉江中下游的水资源利用造成了不利影响。另外，随着人们生活水平的提高及经济的快速发展，水源区内工业和农业用水不断挤占生活用水，生活用水又不断挤占生态用水，使得中下游可利用水资源数量逐年降低。

（2）水污染情况日益严重。区域内面源污染和点源污染情况均较为严重，一是因为农业生产过程中化肥、农药的不合理使用，生活垃圾、家畜粪便的不合理处置，这些污染物随地表径流进入河网，对水体水质造成一定的影响；二是因为部分地区的生活污水和工业废水往往未经处理即直接排入河道，加之排污口的不合理设置，使区域内水体水质受到严重威胁。这些都会加重水源区内流域的水污染情况，导致区域可用水量及可调水量减少，影响当地居民生活。

2. 水土流失与水土保持状况

以南水北调中线工程水源区河南段为例，第三次全国水土流失调查资料显示，在南水北调中线工程中，河南省域水土流失面积近 4143.65km²，其中，南阳市水土流失面积近 3369.01km²，占总流失面积的 81.3%。在各类水土流失面积中，轻度流失面积近 1552.44km²，约占总面积的 24.5%。中度流失面积近 1369.7km²，约占总面积的 21.5%。强度流失面积近 446.87km²，约占总面积的 7%。三类总计近 3369.01km²，约占总面积的 53%。剩余未流失面积占比 47%。土壤侵蚀模数为 2938t/km²，土壤侵蚀量约为 990 万 t/a。图 3-2 为南阳市第三次全国水土流失遥感调查资料显示的水土流失状况。

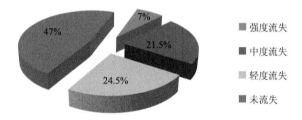

图 3-2　南水北调中线水源区南阳市水土流失状况

南水北调中线水源区严重的水土流失将对经济社会的发展产生多方位的、综合性的、深远的影响：一是导致耕地破坏，土地退化，使原本人均耕地少的现状雪上加霜，严重威胁国家粮食安全；二是致使江河湖库等水源淤积，产生洪涝灾害，严重威胁国家防洪安全；三是恶化生活环境，加重贫困，严重制约水源区的经济社会发展；四是弱化生态系统功能，增加旱灾损失和面源污染，严重威胁国家生态安全和饮水安全。

水土流失会无可避免地恶化水源地生态。一方面，水土流失致使土壤蓄养水源能力降低，加重干旱灾害；另一方面，作为面源污染的载体，水土流失在输出大量泥沙的过程中，也输出了大量诸如化肥、农药及生活垃圾等面源污染物，加重水源污染。同时，水土流失也会导致防风固沙能力减弱及河流湖泊面积缩减，从而增加沙尘暴风险，降低生物多样性。

3. 水资源可持续利用研究

从水资源可持续利用提出到 21 世纪的发展和展望，水资源的可持续发展观念越来越得到重视，这也很大程度推动了水资源科学的发展。从水资源的任意使用，到规划使用，再到水资源的利用与社会相协调，对于水资源的利用和开发也逐步走上了正轨，对于水资源的可持续利用研究也逐步成熟。

我国开始逐步开展水资源可持续利用研究和管理。冯尚友和梅亚东（1998）在中国较早地提出了要对水资源进行管理和规划使用，较早地将水资源利用提到中国的舞台上。夏军（1997）通过与国际的合作和参与，在我国的水文学术界和水资源学术界较早地引入了可持续利用管理观念，并引入了水资源可持续利用管理的特点和世界研究进展，这在中国引起了水资源可持续利用管理的研究热潮。

刘敏（1999）对水资源可持续利用的应用和方法进行了探究，并取得了一定的进展。2000 年中国工程院开展的中国可持续水资源战略研究，从战略的高度出发对水资源的可持续利用、水资源供需和评价、水资源的不同行业需求、水资源节约及其措施、水资源可持续利用与生态建设的关系进行了较深入的探讨和研究，对中国水资源的可持续利用研究与实施提供了重要的支持。2001 年中国工程院对中国西北地区水资源的供需做出了评估，并对西北的城市用水、农业用水、工业用水等与生态、经济和社会的关系进行了分析和研究，对于解决西北地区水资源的可持续利用起到了相当程度的推动作用。在此之后，科研工作者对区域水资源可持续利用进行了研究。陈晓宏等（2002）建立了东江流域水资源优化配置模型和方法，分析和研究了东江的水资源可持续利用供需平衡。李景波（2003）对滕州市水资源可持续利用供需进行了规划研究，并提出了该地区水资源可持续利用的评价指标体系。之后，科研工作者对水资源可持续利用的概念理解逐步加深，尹云松等（2004）和魏加华等（2004）分别引入了排污权和水权交易制度及自适应控制理论。王慧敏和胡震云（2005）在水资源可持续利用中引入供应链管理思想，实现水资源配置和调度的共赢。王浩（2006）提出水资源的可持续利用中应该结合政府宏观调控和市场的竞争机制，使水资源可持续利用长期健康发展。牟丽丽（2010）通过对水资源可持续利用理论的研究，针对三江平原水资源供需，提出了该地区的水资源可持续利用的评价分析体系，为三江平原的水资源可持续利用奠定了理论基础和思想指导。左其亭等（2018）基于水资源适应性利用理论，结合南水北调中线水源区实际，提出其水资源适应性利用的研究思路和战略措施建议。

在国内外经验和实践中，水资源可持续利用的研究和探索不断深入，在管理、评价体系、社会效应、生态效应、经济效应等方面都在不断探索供应的方法。虽然已经取得了一定的进展，但是对于理论和决策的研究大多都处于刚开始阶段，仍需科研工作者投入精力去探究和分析，并尽快给社会一个指导体系。由于水资源的可持续利用关乎国计民生，并且涉及面很广，因此在理论探究和实际操作的过程中需要考虑多个层面，这需要科研工作者集思广益，为中国水资源的可持续利用贡献自己的力量。可以预见，水资源可持续利用必将成为水资源利用领域的热点方向，值得引起全社会关注。

4. 污染源分析研究

经调查分析，南水北调中线工程水源区污染源归结于自然因素和人为因素两大方面。前者如暴雨径流、水土流失、土壤侵蚀等自然因素造成的污染；后者如工业、农业、生活等人为因素所造成的污染。

1）自然因素

土壤流失强度取决于降雨强度、地质地貌、土地利用方式和植被覆盖率等条件。实验表明，在年降雨量 500 mm 情况下，坡度 5°～7°时土壤的年流失量是坡度 1°～5°时的 7 倍。可见，坡度越大的耕地土壤流失越剧烈。据不完全统计，占比 52%的流域面积坡度＞25°，占比 81%的流域面积坡度＞5°，沟壑密度 3～7km/km^2。地形特点易于形成径流汇并，加剧地表径流对土壤的冲刷，从而形成土地侵蚀，破坏地表。虽已进行了一些水土保持措施，但水土流失总量仍逐年积累。水土流失造成的库区淤泥、枯枝落叶和腐殖质等物质逐年积累，对水质造成了潜在的影响。

2）人为因素

（1）工业污染

根据 2009 年监测数据显示，水源区污染物排放较为集中的行业为有色金属矿采选业、化学制造业、医药生产业、交通运输设备制造业等。其中，有色金属采选业废水排放量占水源区工业废水排放总量的 26.9%，主要污染物化学需氧量（chemical oxygen demand, COD）、氨氮、铅、氰化物排放量分别占排放量的 11.2%、16.3%、47.1%和 33.9%。化学制造业废水排放量占水源区工业排放总量的 18.5%，主要污染物 COD、氨氮、汞、氰化物、挥发酚排放量分别占水源区排放量的 14.4%、55.1%、20.6%、28.7%和 86.1%。医药制造业主要污染物 COD 和氨氮排放量分别占水源区排放量的 43.2%和 19%。交通运输及设备制造业废水排放量占源头水源区工业废水排放总量的 6.5%。湖北省十堰市境内汉江的 6 条主要支流水质污染，从 2013 年 4 个季度的水质监测数据显示，主要是石油类、氨氮、总磷、重铬酸盐指数（CODcr）、生物需氧量（BOD5）和高锰酸盐指数（CODmn）超标。工业资源污染虽经多年治理，但成效不明显，2012 年 8 月，仅国家列入《丹江口库区及上游水污染防治和水土保持"十二五"规划》的工业点源污染防治项目仍然有 142 个。

（2）农业面源污染

水源区农业生产所施用的化肥、农药、农膜、畜禽粪便等对水质污染严重。陕西境内的汉江、丹江两条河流为丹江口水库提供 70%的水源，其境内干、支流水质形势也不容乐观。据汉中市环保局 2010 年 1～2 月监测结果表明，汉江干流的南柳渡断面水质氨氮超标 0.3 倍，总磷超标 0.56 倍，汉江支流的廉水桥断面氨氮超国家Ⅲ类水质标准 1.78

倍，2月超标5.59倍。陕西省2011年9月7日新闻发布会发布显示，境内汉江以Ⅱ类水质为主，断面达标率为77.8%，经南柳渡断面氨氮浓度上升，水质类别由Ⅲ类下降为Ⅳ类；丹江水质良好，以Ⅲ类水质为主，断面达标率80%，但污染物浓度有所上升。位于十堰市境内汉江的6条主要支流普遍存在氨氮和总磷超标。另国家环境监测数据显示，自2012年12月至2014年1月，丹江口水库总体为Ⅱ类水质，总氮单独评价为Ⅳ类（轻度污染），营养状态为轻度富营养。以上数据说明水源区农业面源污染不容忽视。

（3）生活污染

生活污水不仅污染地表水，更会污染地下水，导致水环境恶化，这是因为生活污水虽然一般不会含有有毒物质但是含有大量的细菌如病原菌、病毒以及寄生虫等。生活废水的处理方式中，就地倾倒是一种非常普遍的行为，选择循环利用的农户比例非常低，导致环境污染的因素与这些污水垃圾的排放方式也有很大的关系。目前，这些污染物就近排入河流或通过地表径流进入河流，对下游水源水质构成直接或间接威胁。

另外，近些年来，农产品的结构在不断的调整，随之发展的还有畜牧行业，禽类粪便污染问题也日益严重并引发关注。根据统计结果显示，有超过200个具有一定规模的养殖场，养殖场内大多都是采取散养的方式，禽类粪便处理简单，随意性强，没有配套的处理设施，目前都是采取粪污直接排放的方式，磷、氮等大量的营养物质直接或者间接排入库区，造成了环境与水体污染。

3.3.3 生态环境演变规律

1. 土地覆被变化情况

通过对全水源区的土地覆被总面积进行统计分析发现，南水北调中线水源区土地覆被情况以森林、灌木和草地为主，这3部分占水源区总面积的80%以上，农田与建设用地面积只占总面积的15%左右。从空间分布看，森林、灌木等林地覆被主要分布于汉江干流北侧的秦岭山地和南侧的大巴山区，农田和城镇主要分布在汉中盆地、安康谷地、商洛谷地和丹江口水库周边地区。因此从总体上来说，水源区是一个以自然植被为主、人类活动影响相对较小的区域，这对保护水源区生态环境，保证中线水质是十分有利的。

根据2000年和2013年的监测数据分析可知，水源区土地覆被发生了较为明显的变化，主要表现如下。

（1）森林、灌木面积大幅度增加和耕地、草地面积的大幅减少。森林总面积增加128万hm^2，覆盖率从2000年的45.6%增加到2013年的59.2%。草地、耕地面积减少，面积比例分别由2000年的9.4%、15.4%减少至2013年的6.04%、11.2%。

（2）湿地面积增加了近1倍，所占比例从1.2%增加到2.1%，主要由水库水面扩大导致。

（3）水源区建设用地面积增加21.9%，从占水源区总面积的0.64%增加到0.78%。总

体上，森林、灌木等自然植被的大幅增加、建设用地的快速扩张、农田面积减少是2000~
2013年水源区土地覆被变化的总体趋势。

（4）森林、灌木、草地面积相互转换是水源区土地覆被类型之间转换的主要特征。

2. 分坡度带生态环境变化情况

水源区以北部秦岭山地、南部大巴山区为主体、中部为汉江沿岸河谷盆地横贯、东
部由缓丘向平原延伸构成。山地是水源区的主要构成部分，其中坡度>15°的区域面积达
到661.99万 hm^2，占水源区面积的70%。

从各坡度带土地覆被类型的统计来看，在坡度<5°的区域，农田是面积最大的土地
覆被类型，2000年、2013年农田面积分别占该坡度带总面积的54.7%、42.0%。在坡度
5°以上的区域，农田的比例降低。2000年和2013年，坡度>25°区域农田的面积分别为
18.89万 hm^2、10.02万 hm^2，分别占该坡度带总面积的5.4%、2.9%。

除坡度<5°的坡度带外，森林是各坡度带面积比例最大的土地覆被类型。在坡度为
5°~15°的区域，森林面积从2000年的89.1万 hm^{2}增加到2013年的93.63万 hm^2。在坡
度为15°~25°的区域，森林面积从2000年的157.85万 hm^{2}增长到2013年的188.94万 hm^2。
坡度为>25°区域是水源区森林的主要分布区，也是十多年来森林增加面积最大的区域，
从2000年的172.68万 hm^{2}增加到2013年的265.67万 hm^2。

3. 水源区水土流失变化

对比2000年、2013年水土流失监测结果可知，水源区土壤侵蚀以轻度到中度侵蚀
为主。侵蚀面积逐渐下降，2000年为556.7万 hm^2，占全区面积的58.9%，2013年下降
到291.6万 hm^2，占总面积的30.9%。水源区水土流失面积总体上呈减少趋势。

从区域分布情况分析，水土流失区向江河沿岸集中，空间上向带状分布格局转变。
水源区侵蚀强度在强烈以上的地区主要分布在汉江、丹江两岸秦巴山地河谷区，陡峭的
坡度和密集交通、城镇等建设区域的分布是形成这种分布格局的主要原因。地形较为平
坦的汉中盆地、东部内乡等平原区、各类水库，以及植被覆盖度较高的山区侵蚀强度较
低，汉江干流沿岸和丹江口水库周边各县成为侵蚀区域主要的分布区。

2000~2013年，水源区生态环境变化的总体趋势是森林覆盖率提高，农田面积比例
明显下降，建设用地扩张。十多年来，森林总面积从431.3万 hm^{2}增加到559.5万 hm^2，
森林覆盖率从45.6%增加到59.2%；农田面积从145.4万 hm^{2}减少到104.7万 hm^2，耕地
面积比例从15.4%下降到11.2%。南水北调中线水源区生态环境变化总体上趋向变好的
态势。

南水北调中线水源区人类活动以山地农业为主，随着国家退耕还林政策的实施和区域
经济发展，农业人口逐步向城市转移，农田面积已明显减少。但受自然地理环境条件制约，
水源区农田的分布主要位于谷坡和山脊这一总体格局没有改变，2000~2013年间，在坡

度>5°的区域农田面积减少了 31.22 万 hm^2，而坡度<5°的区域耕地减少幅度相对较小。

水源区土壤侵蚀以轻度到中度侵蚀为主，侵蚀面积逐渐下降，水源区水土流失面积总体上减少。2013 年水土流失面积比 2000 年减少 265.1 万 hm^2，侵蚀面积比例下降 28%。

水土流失面积的减少与土地覆被变化具有密切关系，2000~2013 年间，随着裸地大面积减少，耕地措施的加强，强度以上水土流失面积减小；灌木、草地为主要的中度侵蚀地区，由于灌木、草地大幅度地向森林转化，水源区主要侵蚀由中度侵蚀向微度侵蚀变化。

水源区森林、灌木、农田之间的相互转换为主要转换类型，一方面，水源区受到国家宏观政策的影响，保护和合理利用农田的政策下，山区退耕还林，森林面积得以上升；另一方面，地区经济迅速发展，城市用地总量增加，为了保证耕地用量，可将林地、灌木开发用作耕地。

3.4 南水北调中线工程水源区生态环境保护现状

南水北调中线工程能否达到预期目的、能否发挥最大的效益、能否得到社会和群众的认可，其根本和关键在于水质的优劣。可以说工程的焦点在水质、成败在水质、成效在水质。而水源区生态环境保护效果直接决定了水源区的水质优劣，因此，水源区生态环境保护对相关地方政府来讲是国家使命、责任担当、国计民生；对区域内的单位、企业、公众而言是责任、义务。目前，无论是国家或地方政府，都已充分认识到加强水源区生态环境保护的重大意义，并已从完善法律法规、建立体制机制和谋划思路措施等方面作出努力。

3.4.1 法律法规

1. 立法确定公民的环境权

自然环境是人类赖以生存发展的基本条件，每个人都有与生俱来且不可剥夺的享用适宜环境的权利。环境权也是公众参与的理论基础和人权基础，是公民的基本权利，也是环境诉讼的基础。瑞士、葡萄牙、美国、韩国等国家都在宪法中规定了公民的环境权利和环境义务。我国宪法中规定的公民的权利没有环境权。随着全球生态问题和环境污染的加剧，应当考虑在宪法中明确环境权为公民的基本权利，使对环境的保护获得直接而具体的宪法依据。

2. 加强流域立法

流域立法的缺失，对流域的统一管理、规范管理带来制约。一是加快流域统一立法。随着我国法律制度的不断健全与完善，涉水立法也得到不断发展与完善，但从总体看，我国流域统一立法相对滞后。比如日本有《河川法》、英国制定有《流域管理条例》，我国还没有流域统一立法，建议出台《流域水资源管理条例》，从法律上对流域水资源管理的机构设置、相关权限、职责等进行规范。二是加强流域特别立法。我国的七大流域中仅制定有《太湖流域管理条例》，为适应水源区水质保护的需要，建议出台《南水北调工程供用水管理条例》《河南省南水北调饮用水水源保护条例》等法律法规。

3. 逐步放开环境公益诉讼主体资格

环境保护公益诉讼可以加大对污染违法行为的打击力度，加强水环境安全保护。2012年的《中华人民共和国民事诉讼法》规定，对环境污染、侵害众多消费者合法权益等损害社会公共利益的行为，法律规定的机关和有关组织可以向人民法院提起诉讼。这显示了"一个创新和两个不足"。一个创新是首次以法律形式明确了环保组织的公益诉讼主体资格；两个不足：一是规定的环保组织资格条件偏高，在中国目前仅有 4 家左右环保组织符合公益诉讼主体资格；二是未确立公民个人的公益诉讼主体资格。2014 年我国对《中华人民共和国环境保护法》争议进行修订，建议能逐步扩大环保组织和公民个人的公益诉讼主体资格。

4. 设立水源区环境保护法庭

根据最高人民法院 2010 年 7 月出台的《关于为加快经济发展方式转变提供司法保障和服务的若干意见》规定："在环境保护纠纷案件数量较多的法院可以设立环保法庭，实行环境保护案专业化审判。"目前水源区各县市均未设立，可以在水源区市、县两级专门设立环境保护法庭，加大对污染环境案件的查处与审判，并有利于推动环境公益诉讼的进一步发展。

3.4.2　体制机制

1. 建立流域水资源统一治理模式

从国内外成功经验来看，流域水资源管理最根本的原则是整体性和系统性，因此适宜的管理模式应是统一模式。要建立流域统一管理体制，对流域管理的机构设置、管理权的分配、职责范围划分以及运行协调机制等进行明确，从制度上保证实现流域的统一协调管理和整体发展目标。具体在南水北调中线水源区水资源保护工作中，要成立南水北调中线水源区水资源管理委员会，作为水利部的派出机构，统一协调、管理中线水源区的水质保护和水资源分配等工作。

2. 创新地方政府间的协同机制

加强政府间协同要做好以下几个方面的制度保障。第一，跨界水质联合监测评价机制。由环保部门建立交界水质自动监测站，定期进行水质测量，定期开展环境评价，掌握水质状况及趋势，做好防治。第二，流域水环境信息互通机制。流域信息互通机制可以使上下游各行政区域之间互通信息，可以建立网络信息发布平台，对水环境信息定期通报，分析研判。第三，联合监测执法机制。联合监测执法由流域内政府环保局组成联合执法队，共同对流域内水环境状况进行监测、监控，对造成水污染的事件和行为进行制止、打击和追责。第四，基础设施共建共享机制。重点是污水处理工程、安全饮用水工程和生态修复建设工程。特别是污水处理工程，必须作为头等大事尽快落到实处。

3. 流域生态补偿机制

生态补偿机制是以保护生态环境为目的，根据生态系统服务价值、生态保护成本和发展机会成本，综合运用行政和市场手段，调整生态环境保护和建设等相关方之间利益关系的环境经济政策。该机制主要针对区域性生态保护和环境污染防治领域，是一项具有经济激励作用、与"污染者付费"原则并存、基于"受益者付费和破坏者付费"原则的环境经济政策。在中线水源区要充分考虑各地为保护水质付出的直接成本和机会成本，建立包括补偿原则、补偿依据、补偿方式、补偿程序和实施细则等内容的流域生态补偿机制，使水质保护由以行政手段为主转变为综合运用经济、法律等手段。

4. 建立完善社会参与治理机制

我国在公共事务管理中多是采取政府主导方式，没有形成多元主体参与共治的局面，在法律层面上也缺乏对社会主体参与公共治理的合法性保障。由此，需要建立起协同治理的模式，使得社会治理资源得到合理配置，第三部门、社会公众等多元治理主体得到科学有效协调。首先，政府要发挥最佳引导职能，把公众资源进行有机整合，聚合各方的智慧和力量，形成治理合力。同时，要积极发挥第三部门作用，如科研机构、环境保护组织等，吸引科技人才、科研机构、企事业单位对水源区水质保护的重大技术问题进行研究，设立水污染治理的国家科技专项和公益性科研专项，加强科研攻关和示范，依靠科技进步解决好水源区水质保护问题。

3.4.3 主要措施

1. 建立科学完善的责任体系

要明确参与治理的各个不同主体的职责和义务，并从行政、民事、刑事角度加大对失职失责、渎职侵权行为的责任追究。比如对政府官员要严格对其生态政绩的考核，改变只重经济不重生态的传统做法；对环境执法、水利执法的干部要严格对其失职渎职的问责，对企业和发展要加大对其污染环境行为的打击和惩处，从而增强保护环境、保护水质的责任感、自觉性。

2. 加快划定水源保护区

科学划定南水北调中线工程饮用水源保护区，是实施科学有效治理和保护的前提。

国家在主体功能区规划中明确中线水源区是国家一级水源保护区,但是具体到每一个行政区划内,没有划定明确的水源保护区范围。按照有关规定,应由南水北调中线水源区所在的河南、湖北、陕西、四川 4 省省级政府负责划定具体的保护区范围,但由于方方面面的原因,或出于地方保护,或有等待观望心态,或有怕吃亏心态,如果划定红线范围过大,影响当地经济发展,划定范围小了又担心保护效果不好,造成污染,因此,水源区保护区红线目前仍未划定,也给水质保护带来一定影响。

3. 健全水源地水环境测控评价制度

每半年进行一次流域水质安全监测分析,对污染状况、主要污染物情况及区域环境状况对水质的预期影响等进行分析和研判,作为水污染防治工作的参考和依据,以便早着手、早治理、早控制。并建立主要污染物达标状况公示制度,及时公布水质信息,促进公众参与,接受公众监督。

3.5　南水北调中线工程水源区生态环境治理困境解析

南水北调中线工程水源区范围广、面积大,其生态环境治理涉及的利益主体众多,由于各主体间的利益博弈及治理目标差异等原因,导致中线工程水源区生态环境治理面临多种多样的困境。

3.5.1　治理主体

水源区生态环境治理决策的制定及实施主要涉及中央政府、水源区和受水区地方政府、水源区和受水区内部企业、社会公众等行为主体,他们对水源区生态环境保护和治理都有重要作用。

1. 中央政府

作为国家利益的代表,是一个特殊的行为主体,其通过相关政策措施参与或调控南水北调工程公共政策的形成,以实现区域社会经济的协调和可持续发展,提升国家整体利益和人们的社会福利水平。

2. 水源区政府

作为水资源的调出地区,水资源的输出会直接减少本地区水资源的使用量;另外,工程的实施存在征地、移民、水质保护等相关问题。因此,水源区政府在承担相关问题责任的同时,会从自身利益最大化出发,尽可能地从受水区获取更多的经济或政策上的补偿或回报。

3. 受水区政府

工程的兴建对于受水区的益处是显而易见的，受水区政府的目标在于用尽可能少的投入或补偿从水源区获得更多的优质水资源，以促进本地区的社会经济发展。

4. 地方企业

企业的本质是追求利润，为了实现自身利益的最大化，企业可能会做出污染环境、破坏资源等行为，很多企业为了获取更多的利润选择铤而走险，以违法的方式实现自身的发展。

5. 公众

公众是私权代表，要的是生计，即直接的和根本的目标就是追求个人利益的最大化，生态效益的实现只能"兼顾"，或者将其作为获取个人利益的手段。

3.5.2　治理主体间博弈关系

1. 中央政府和地方政府间的利益博弈

在水源地生态协调治理中，中央政府是战略决策者，而地方政府是战略执行者，中央政府强调全国人民的共同利益，而地方政府谋求行政区域内的局部利益，权责的错位会促使两个政府主体间发生利益博弈。鉴于经济指标对政绩考量的重要性，地方政府在博弈过程中，一方面难以遏制对区域经济增长的渴望和冲动，其治理实践对中央政府决策不负责；另一方面，为争取中央政府给予水源地的生态补偿，地方政府往往夸大水生态环境的恶化态势，旨在获取最多的财政支持。地方政府可能获得中央政府的财政支持，也可能被发现、被惩戒或失去支持。频频发生的"堰塞湖"现象就是纵向政府间的博弈结果。

2. 市场机制下水源区与受水区的利益博弈

水资源作为公共产品，在没有规则约束下，必然造成"公地悲剧"，即在对水资源利用上，各参与方的博弈策略是利用、不保护。而要解决"公地悲剧"，按照罗纳德·科斯的观点，关键在于明确产权，运用协商-利益补偿来解决各方的利益损失，通过市场机制规范参与方的行为。

假设水源区有治理环境与不治理环境两个策略选择，受水区对水源区的水生态环境的治理所带来的成本有进行补偿和不补偿两个策略选择。根据理性经济人假设，博弈参与方在博弈过程中都是从自身利益最大化原则出发进行策略选择。基于此，可以对水源区与受水区的博弈关系进行如下分析：水源区在不治理生态环境条件下，可以获得收益为 $R2$，受水区由于水源区不治理环境而带来损失，因而只能获得收益 $R1$；若水源区采取措施治理生态环境的话，则要付出相应的成本 C（$C > 0$），而受水区由于水源区的水生态环境治理而增加收益 X，受水区如果向水源区补偿 Y 以使水源区改善生态环境，则受水区的收益将因此而减少 Y。一般而言，在工程流域管理中，水源区投资治理生态环境给受水区所带来的社会经济发展是深远的，受水区社会整体收益远远大于其对水源区的补偿，即 $X > Y$。当然在实际中很难出现 $X < Y$ 的情形，因为受水区增加的收益如果不够支付水源区的补偿费用，作为理性经济人，受水区是不可能作出如此选择的。作为补偿水源区的 Y 的范围为 $X > Y > C$，至于在此范围内 Y 的具体值则由双方共同协商确定。由此，可建立此情景的博弈矩阵（表 3-2）。

表 3-2　市场机制下水源区与受水区之间的博弈矩阵

水源区		治理	不治理
受水区	补偿	$R1 - Y + X,\ R2 + Y - C$	$R1 - Y,\ R2 + Y$
	不补偿	$R1 + X,\ R2 - C$	$R1,\ R2$

从表 3-2 可以看出，受水区与水源区之间的博弈策略有四种组合：第一种组合，若受水区与水源区都采取不作为的选择策略，那么他们的收益为（$R1, R2$）；第二种组合，若水源区采取治理生态环境而得不到受水区相应补偿的话，那么他们之间的收益（$R1 + X, R2 - C$）；第三种组合，若水源区虽不治理生态环境但仍获得受水区的补偿，那么其收益为（$R1 - Y, R2 + Y$），这种策略收益组合在实际当中很难出现；第四种组合，若水源区与受水区采取合作策略，那么其收益为（$R1 - Y + X, R2 - C + Y$）。通过箭头分析法，可以看出博弈双方都会因水源区治理生态环境而得到好处，即（$R1 - Y + X, R2 - C + Y$）的策略组合优于其他策略组合，其中（$R1, R2$）的策略组合收益最小，为最差策略组合。但是在不存在共同相关合约的前提下，最终的博弈结果却是（$R1, R2$），受水区和水源区在调水工程的根本问题上都缺乏积极性，形成典型的"囚徒困境"。

上述博弈过程是在双方风险值不对称条件下进行的。水源区在南水北调工程中具有天然的区域分工优势，处于工程流域的上端；而受水区由于处于工程流域的中下端，在补偿水源区治理生态环境的同时，面临水源区不作为的风险。此外，由于受水区地方政府对于工程的静态投资在项目建成后将转变为沉没成本，无论工程收益与否这一成本都会存在，随着工程的运行，其所承担的风险值就越高，而水源区则不存在这一沉没成本。因此，通常情况下，双方博弈过程中一般是由受水区主动向水源区提出相应的补偿，以换取水源区对生态环境的治理。在这种情形下，双方的博弈格局是一种动态博弈，双方的博弈行动具有明显的先后顺序（图 3-3）。

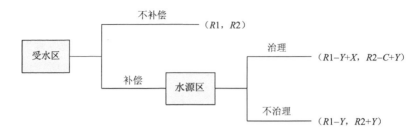

图 3-3 受水区与水源区两阶段博弈

从第二阶段的子博弈开始，用后退归纳法分析图 3-3。如果受水区已作出补偿的策略选择，水源区面临治理生态环境与不治理生态环境的两项选择，作为理性的经济人将选择不治理，因为在不治理情形下仍能获 Y 补偿；但是在完全信息条件下，水源区能够认知自己选择不治理的策略将影响到下一阶段的博弈策略，即受水区将会选择不补偿策略，因此，双方的博弈均衡区为（$R1 - Y + X, R2 - C + Y$）和（$R1, R2$），即（补偿、治理）和（不补偿、不治理）。毫无疑问，这两组策略组合都能够实现"纳什均衡"，且（$R1 - Y + X, R2 - C + Y$）的策略组合收益将是实现社会利益的最优组合，而（$R1, R2$）的策略组合则是双方利益受损的选择。在实际中，能不能实现最优的"纳什均衡"方案，关键在于水源区治理水生态环境所获得的收益 $R2 - C + Y > R2$ 的可能性，这其中 $Y > C$，否则水源区在收益不变或减少的情形下会减少生态环境的治理投入。因此，通常只有在 $R2 - C + Y > R2$ 的条件下，才能激励水源区作出生态环境治理的策略选择。

3. 中央政府干预下的水源区与受水区之间的利益博弈

由于受水区与水源区之间的博弈缺乏约束性合约，且双方承担的风险值不对称，水源区存在"机会主义"策略选择的可能性，因此双方之间的博弈是一种零和博弈，即一方得益、一方受损。在市场机制下，受水区与水源区之间的博弈难以达成有效且一致的增进共同利益的动力，相应的水资源公共政策难以形成。据此，本书认为，要实现双方的利益增进，需要一个代表双方共同利益的权威性博弈参与方——中央政府。中央政府在调整地区间资源分配和利益矛盾方面扮演着重要角色，其任务在于制定各种合约来监管博弈过程中出现的"机会主义"行为倾向，以实现公平政策的实施。由于水源区与受水区之间的风险值不对称，受水区所面临的风险远远大于水源区所承担的风险；同时，南水北调工程的投资主要是中央政府和受水区，他们之间在维护工程流域整体利益上是一致的。因此，在政府管制的条件下，博弈格局主要为遵守中央政府所制定合约下的水源区与受水区之间的博弈，任何一方违反相应的合约都会受到中央政府给予的惩罚。假设在博弈双方的任何一方违反合约都会得到处罚为 h，由此可得到水源区与受水区之间的博弈矩阵模型（表 3-3）。

当水源区不治理生态环境，受水区也不进行补偿时，因双方都未执行合约而各受到 h 的处罚，其各自收益为（$R1 - h, R2 - h$）；当水源区选择治理生态环境，而受水区选择不予补偿时，政府将给予受水区 h 值的惩罚，同时基于水源区 h 值的奖励，其各自收益为（$R1 + X - h$, $R2 - C + h$）；当水源区采取不治理生态环境策略，而受水区仍选择补偿，政府将给予水源区 h 值的惩罚，同时奖励受水区 h 值，其各自收益为（$R1 - Y + h$, $R2 + Y - h$）；当水源区采取治理生态环境，受水区也对水源区进行补偿，其各自收益为（$R1 - Y + X$, $R2 - C + Y$）。

表 3-3　中央政府管理下水源区与受水区之间的博弈矩阵

水源区		治理	不治理
受水区	补偿	$R1 - Y + X$, $R2 + Y - C$	$R1 - Y + h$, $R2 + Y - h$
	不补偿	$R1 + X - h$, $R2 - C + h$	$R1 - h$, $R2 - h$

设 Ps 为水源区不进行生态环境治理的概率，Pt 为受水区采取补偿的概率，可得水源区期望收益函数为

$$\pi1 = Ps\left[（R2 + Y - h）+（1 - Pt）（R2 - h）\right] +（1 - Ps）Ps\left[Pt（R2 - C + Y）\right.$$
$$\left. +（1 - Pt）（R2 - C + h）\right]$$
$$= Ps(PtY + R2 - h)+(1 - Ps)(PtY + R2 - C + h - Pth) \tag{3-1}$$

要达到纳什均衡，受水区所采取的混合策略（Pt, $1 - Pt$）必须使得水源区在采取与不采取治理生态环境时的期望收益无差异。根据纳什均衡的定义，在给定受水区的混合策略（Pt, $1 - Pt$）的前提下，求得 $\pi1$ 的极大值。在式（3-1）中对 Ps 求导数并令导数等于 0，得

$$PtY + R2 - h = PtY + R2 - C + h - Pth \tag{3-2}$$

式中，左端为水源区不采取生态环境治理时的期望收益，右端为水源区采取生态环境治理时的期望收益。在水源区对采取生态环境治理与不治理两种策略持无所谓态度时，可以得到受水区在纳什均衡进行补偿的最优概率：$P_t^* = \dfrac{2h - C}{h}$。

同理，在给定水源区的混合策略（Ps, $1 - Ps$）的前提下，受水区的期望收益函数为

$$\pi2 = Pt\left[（1 - Ps）（R1 - Y + X）+Ps（R1 - Y + h）\right]$$
$$+（1 - Pt）Pt\left[（1 - Ps）（R1 + X - h）+Ps（R1 - h）\right]$$
$$= Pt（R1 - Y + X - PsX + Psh）+（1 - Pt）（R1 + X - h - PsX） \tag{3-3}$$

为求得在期望收益 $\pi2$ 达到极大时的 Pt，对式（3-3）中的 Pt 求导，并令其为 0，可得

$$R1 - Y + X - PsX + Psh = R1 + X - h - PsX \tag{3-4}$$

式中可得解：$P_s^* = \dfrac{Y - h}{h}$，即受水区在补偿与不补偿无差异时，水源区在纳什均衡点实施环境治理策略的最优概率。

鉴于此，可以建立在中央政府管制下水源区与受水区博弈模型的纳什均衡为

$$P_t^* = \frac{2h-C}{h}, \quad P_s^* = \frac{Y-h}{h}$$

从水源区与受水区之间的纳什均衡中可以得出：

（1）在水源区的期望收益纳什均衡中，受水区的补偿最优概率为 P_t^*，如果 $P_t > P_t^*$，水源区将治理生态环境；如果 $P_t < P_t^*$，水源区将不治理生态环境；如果 $P_t = P_t^*$，水源区将随机选择实施治理或不治理。受水区在纳什均衡进行补偿的最优概率 $P_t^* = \frac{2h-C}{h}$ 中的两个变量为 h、C，P_t^* 与 h 成正比，与 C 成反比。要增加受水区愿意对水源区进行补偿的动力，关键在于水源区治理投入 C 与对其投机行为的惩罚值 h 之间的比例关系，且只有在 $h>C$ 的条件下，受水区才会增加补偿。因此，要实现水源区采取治理策略，在给予水源区一定补偿的同时，中央政府可提高对水源区不遵循合约的惩罚系数，减少其机会主义行为。

（2）在受水区的期望收益纳什均衡中，水源区的治理最优概率为 P_s^*，如果 $P_s > P_s^*$，受水区将补偿；如果 $P_s < P_s^*$，受水区将选择不补偿策略；如果 $P_s = P_s^*$，受水区可随机选择补偿或不补偿。水源区在纳什均衡中进行治理的最优概率 $P_s^* = \frac{Y-h}{h}$ 中的两个变量为 h、Y，P_s^* 与 Y 成正比，与 h 成反比。要增加水源区进行治理的动力，关键在于受水区对水源区的补偿值 Y 与中央政府对受水区的惩罚值 h 之间的比例关系（$Y > h$）。如果受水区获得收益而不进行补偿或补偿较低而使水源区作出不治理的策略选择，可适当提高对受水区的惩罚值 h 来实现受水区对水源区的合理补偿。从 P_s^* 与 P_t^* 可以看出，h 值的范围应为 $Y > h > C$，其变动范围及具体值取决于水源区策略选择与受水区的得益及违约程度。

4. 地方政府与企业之间的利益博弈

政府与企业是水源地生态协调治理的两大主体，通常，水源地生态协调治理过程伴随政企间的利益博弈。

在社会经济发展过程中，通过提供公共服务、管理社会事务及调整市场运行，政府为企业营造公平公正、有序高效、竞争合作及合法合理的投资发展空间，进而间接影响企业的生产经营活动。这种影响主要表现为：一是政府要尽可能地帮助企业快速做大做强，二是政府要监管企业的生产经营全过程，以便及时采取措施制止企业生产经营中的违法违规或生态不友好行为。如果企业的生产经营行为及生态环境治理行为与政府生态文明建设目标要求相符合，政企协调无冲突，反之，政企间存在利益冲突，政府必须"零容忍"该类企业的违规或生态不友好行为。通常，违规违法或环境不友好行为会带给企业高回报，高回报带给企业两种选择：一是未能抵制住经济诱惑，不管不顾政府监管，继续从事违法违规或生态不友好经营；二是腐蚀拉拢政府下水，争取政府支持，进而在

政府庇护下从事违法违规或生态不友好经营。

5. 地方政府与公众之间的利益博弈

水源地生态协调治理中的利益博弈同样存在于政府和公众之间，其主要体现为两个方面。一是政府的水生态治理行为打乱了居民正常的生产生活秩序。在水生态环境治理实践中，为实现对水生态的治理和保护目标，居民迁安可能是一项重要的政府举措，但该举措会彻底打乱当地居民的生产生活秩序，居民失去房子和生活来源，加上政府不能给出满意的生态补偿，原本安居乐业的群众会与政府产生矛盾和冲突。如果冲突得不能很好地解决，将可能影响政府的公信力，降低其在人民群众心目中的形象。二是水生态协调治理中，产业的优化升级会影响当地居民的既得利益。群众的收入和就业受到影响后，他们自然将问题的根源聚焦指向到政府，从而对政府的生态治理和保护行为产生不满。对于水源地的居民来说，因为安于落后的经济环境，他们害怕生产生活中的变化，特别是大的变化。

3.5.3　治理主体目标差异

中线水源区范围广、面积大，中央政府、国家相关部委、受水区和水源区地方政府等各治理主体虽然在生态环境治理保护上做了大量的工作，但由于各治理主体的目标差异，使得水源区生态环境的治理保护遭遇了诸多的现实困境。这些目标差异具体表现为：

（1）中央政府治理目标主要是通过参与或调控南水北调工程公共政策的形成，实现区域社会经济的协调和可持续发展，提升国家整体利益和人们的社会福利水平。

（2）水源区政府治理目标主要是最大化水源区经济效益、社会效益和生态效益，以较少的水资源输出获取较多的经济或政策上的补偿或回报。

（3）受水区政府治理目标主要是用尽可能少的投入或补偿从水源区获得更多的优质水资源，提高本地区的经济效益、社会效益和生态效益。

（4）企业治理目标主要是追求企业利益的最大化，并在此基础上兼顾社会或生态效益。

（5）公众治理目标主要是追求个人利益的最大化，并在此基础上兼顾社会或生态效益。

3.5.4　治理目标冲突

在南水北调中线工程水源区生态环境治理过程中，不仅存在着治理目标差异，也存在着一定的治理目标冲突，具体表现为：

（1）中央政府关注国家整体和公共利益，而地方政府重地方利益轻全局利益，重眼前利益轻长远利益。

（2）地方政府在发展理念上追求地区利益的增长，企业则优先追求自身利益最大化。

（3）公众出于对个人利益的保护，环保及节约意识淡薄，往往缺乏节源理念，忽视共同利益。

第4章 路径一：生态产业耦合协调发展

4.1 南水北调中线工程水源区生态产业耦合系统形成机理

4.1.1 产业结构现状、特征及更替过程分析

1. 产业结构现状——以南阳市水源区为例

1）产业结构层级较低，亟待优化

区域三次产业结构是反映区域经济发展水平的重要指标。表 4-1 为南阳市 2017~2019 年间三次产业结构及各产业增长情况。

表 4-1 南阳市 2017~2019 年三次产业结构数据 （单位：亿元）

项目 年份	全国三产结构	南阳市			
		一产增加值	二产增加值	三产增加值	三产结构
2017	7.9：40.5：51.6	537.30	1442.97	1397.43	15.9：42.7：41.4
2018	4.4：38.9：56.5	535.96	1177.24	1787.36	15.3：33.6：51.1
2019	7.1：39.0：53.9	569.46	1267.78	1977.73	14.9：33.2：51.9

表 4-1 说明，和全国平均水平相比，南阳市第一产业比重较高，第三产业比重较低，产业结构层次不高，亟待优化。图 4-1 为 2017~2019 年南阳市三次产业结构比较。

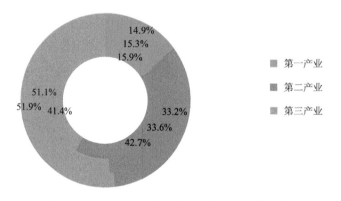

图 4-1 2017~2019 年南阳市三次产业结构比较

2）产业结构有序度低，资源投资效率有待提高

产业结构是区域经济可持续发展水平的外部反映，也是区域经济发展状况的外部特

征。它表明在区域经济发展过程中，区域资源投入的体量、时机及其流动方向是否适宜，资源利用或转化的效率是否较优。产业结构的有序度是衡量三次产业内部各动力或资源要素使用效率的能力，表征产业之间的动力或资源要素协调变化的能力，反映资源向效率最高的产业流动的一种结构转化能力。南阳市的经济发展状况表明，其产值结构、固定资产投资结构和劳动效率均呈现"二、三、一"（即第二产业第一，第三产业第二，第一产业第三，下同）状态，就业结构和固定资产投资效率均呈现"一、三、二"状态。从效率角度来看，目前第三产业是南阳资源流动效率最高的产业，固定资产投资应该大量流向第三产业，然而固定资产投资更多流向劳动密集型的第二产业。因此，南阳市产业结构有序度低，资源投入产出比低。

3）产业关联松散，耦合度有待提高

目前，南阳市产业间关联松散，耦合度不高，少有耦合或融合较成功的案例。以第一和第三产业为例，研究表明，2015 年南阳市农业与旅游业的发展初现耦合特征，但耦合度较低，仅处于耦合发展的初级阶段。虽然近几年南阳市产业耦合协调度总体呈现上升趋势，但和河南省平均水平相比，南阳市及其县属的第一、三产业耦合发展水平偏低。

4）传统产业比重大，生态化有待提高

因为历史原因和现实困境，南阳市社会经济发展过程中依然存在诸如传统产业比重较大、经济发展恶化生态环境等一系列问题，这些问题的解决必然要求南阳市升级和优化产业结构，实施经济、社会、产业和生态一体化的战略目标，形成南阳市经济可持续发展的新增长点。

2. 产业结构特征

为剖析南水北调中线河南水源区产业结构特征,本节分析了南阳市 1980～2019 年的产业结构数据，认为南阳市产业结构处于工业化中期的高速发展阶段。

经济学家库兹涅茨研究发现，产业结构的迅速变动往往伴随着工业化的高速发展。在工业化的不同阶段，区域经济产业结构具有不同的特点：在工业化初期阶段，第一产业占比最大，随着工业化进程的推进，第二产业和第三产业比重有明显增加，且第二产业增速大于第三产业，到某一时刻，第二产业比重会反超第一产业；在工业化中期阶段，第二产业占比最大但有波动，且第一产业占比低于 20%；在工业化后期阶段，第二产业占比最大且稳定，第一产业占比低于 10%。

由表 4-2 看出，与全国产业结构的变化规律相似，南阳市的产业结构变化也经历了一个先升后降的变动过程。2000 年，全国处于工业化中期阶段，第二产业占比高于第三产业，且第一产业占比低于 20%；2009 年，全国进入工业化后期阶段，第二产业占比巨大且较为稳定，第一产业占比低于 10%。1992 年，南阳市第二产业占比首次超过第一产业，产业结构由"一、二、三"模式转变到"二、一、三"模式；2007 年，南阳市产业结构由"二、一、三"模式转变为"二、三、一"模式，实现第三产业占比首次超过第一产业；2011 年，南阳市三次产业结构比重为 18.7∶53.8∶27.5，第一产业占比首次低于 20%。2011 年至今，南阳市第三产业得到了长足的发展，但是其第一产业一直没能突破 10% 门槛限制。根据经济学家库兹涅茨对于工业化发展进程的划分标准，从产业结构构成来看，南阳市没有同步全国进入工业化后期发展阶段，其产业结构仍处于工业化中期的高速发展阶段。

表 4-2　1980～2019 年全国和南阳市三次结构分布　　　　（单位：%）

年份	全国			南阳		
	第一产业	第二产业	第三产业	第一产业	第二产业	第三产业
1980	30.1	48.5	21.4	50.6	33.9	15.6
1984	29.4	48.1	26.5	48.1	25.0	26.9
1988	26.1	40.6	33.3	44.4	28.6	27.0
1992	24.2	46.4	29.4	34.6	36.1	29.3
1996	21.5	49.8	32.7	33.2	44.8	21.9
2000	15.9	50.9	33.2	29.6	45.7	24.7
2005	11.6	47.0	41.3	26.2	50.1	23.7
2006	10.6	47.6	41.8	25.8	50.3	23.9
2007	10.3	46.9	42.9	23.9	50.8	25.3
2008	10.3	46.9	42.8	21.1	52.3	26.6
2009	9.8	45.9	44.3	20.6	50.4	29.0
2011	9.4	46.4	44.1	18.7	53.8	27.5
2013	9.3	44.0	46.7	18.0	50.6	31.4
2015	8.5	40.9	50.2	16.0	45.8	38.2
2017	7.9	40.5	51.6	15.9	42.7	41.4
2018	4.4	38.9	56.5	14.7	41.4	43.9
2019	7.1	39.0	53.9	15.3	33.6	51.1

数据来源：《中国统计年鉴 2019》《南阳统计年鉴 2019》。

3. 产业结构更替过程分析

1）第一产业内部结构变动分析

三次产业划分中，第一产业主要包括农业、林业、牧业和渔业。2019 年，南阳市第一产业占比为 15.3%，其产值增加了 569.46 亿元，实现增长 3.2%。和 2018 年相比，主要农产品产值变化如下：粮食增长 1.4%，产量为 710.59 万 t，其中，夏粮增长 4.5%，产量为 425.81 万 t，秋粮下降 3.0%，产量为 284.78 万 t；棉花减产 25.0%，产量为 0.23 万 t；

油料增长 3.5%,产量为 168.14 万 t;蔬菜增产 2.4%,产量为 1127.21 万 t;肉类下降 20.5%,产量为 56.68 万 t;禽蛋增长 7.3%,产量为 33.29 万 t;奶类增长 2.1%,产量为 23.37 万 t。与同期河南省平均水平相比,南阳市的第一产业内部结构有如下特点:①南阳市农业产业占比较高,第一产业收入以农业为主;②南阳市渔业产业占比略高,第一产业收入以渔业次之;③南阳市牧业和林业占比较低。为了进一步提高第一产业内部结构水平,需要进一步优化升级,改变农业比重偏高和林牧业比重偏低的状态。

2）第二产业内部结构变动分析

三次产业划分中,第二产业主要由工业和建筑业等构成。多年以来,南阳市第二产业的主力军是工业经济,它是南阳市第二产业发展的主要动力,也是南阳市社会经济收入的主要来源。2019 年,规模以上企业 1805 家,总资产达 2974.5 亿元,吸纳就业人数达 26.1 万,是南阳市经济发展的中流砥柱。和全省相比,年主营业务收入在 2000 万元及以上的企业增速达 8.1%,高出 0.3 个百分点。从工业内部构成来看,南阳市工业经济结构变动有如下特点。

（1）传统企业比重偏高,高新技术产业占比不足。2019 年,南阳市规模以上工业涵盖了 38 个行业,其中前 10 大行业占全市规模以上工业增加值的 70.1%。南阳市第一大行业为非金属矿物制品业,占比 14.1%;第二大行业为纺织业,占比 9.3%;第三大行业为食品制造业,占比 8.1%;第四大行业为电力、热力生产和供应业,占比 7.0%;第五大行业为医药制造业,占比 5.5%。

（2）产业结构持续优化。2019 年,南阳市电子信息和装备制造等六大高成长性产业发展迅速,累计增加值占全市比重达 42.8%,拉动全市累计生产增速达 2.1%。全市高新技术产业增加值同比增长 12.3 个百分点,高于全市 4.2%,占全市比重达 47%,拉动全市累计生产增速达 5.6%。在促使全市工业生产增速较大的行业中,排在前七位的依序是黑色金属冶炼和压延加工业,食品制造业,纺织业,医药制造业,电力、热力生产和供应业,电气机械和器材制造业,造纸和纸制品业。七大行业累计实现增加值占比全市增加值的 40.4 个百分点。

（3）新兴产业快速增长。高附加值、高技术含量和节能环保产品快速增长,产品结构向中高端加快迈进。2019 年,电工仪器仪表产量同比增长 75%,光电子器件产量同比增长 33.2%,互感器产量同比增长 18.7%,工业自动调节仪表与控制系统产量同比增长 16.5%,锂离子电池产量同比增长 13.5%。

（4）非公有制工业生产活力呈现。2019 年,全市非公有制工业完成增加值总量占全市增加值的 75.3%,同比增长 9.3%,增速高于全市平均水平 1.2%,高于公有制经济 4.5%,拉动全市经济增长 6.8%。

3）第三产业内部结构变动分析

为明晰南阳市第三产业内部结构变动情况,研究分析了 2009~2019 年南阳市第三产业的主要数据, 见表 4-3。

表 4-3　2009～2019 年南阳市第三产业相关数据　　　　（单位：%）

年份	房地产投资增量	交通运输收入增量	旅游收入增量	金融收入增量	保险收入增量
2009	32.0	39.6	23.5	24.4	1.8
2010	25.3	17.5	37.9	28.4	17.7
2011	33.3	10.8	26.6	16.3	13.6
2012	7.6	6.5	26.0	18.6	−0.2
2013	29.9	5.9	18.4	17.7	10.9
2014	24.4	3.3	8.3	11.3	11.6
2015	1.9	5.3	10.1	14.1	18.1
2016	12.8	4.9	13.2	12.4	19.4
2017	13.3	9.1	15.6	8.8	21.8
2018	20.1	3.5	30.0	9.1	12.3
2019	7.4	0.5	30.0	13.4	7.2

由表 4-3 看出，自 2009 年以来，交通运输业和金融业的收入增量总体呈下降趋势，房地产投资增量整体呈下降趋势；保险业和旅游业总体呈增长趋势，特别是近两年来，南阳市旅游业热度空前，收入增量达到 30%。因此，从内部结构变动角度看来，南阳市第三产业传统行业的主导地位将逐渐被新兴行业所替代。

4.1.2　生态产业耦合系统形成的基础条件分析

1. 水源区生态产业间的关联性分析

三大产业耦合的基础在于它们之间的关联性，这种关联性是三大产业耦合的必然条件。产业耦合必须以优势产业为基础，分析其前向关联产业和后向关联产业，从而为区域发展培育完整的产业链。第三产业的发展可以促进第一、二产业的发展，反之，第一、二产业的发展又可以支持第三产业的发展。比如：工农业产品、市场的发展可以为旅游业提供资源和生产要素，而旅游业的发展又可以助力工农业的发展。金融业和金融服务业的发展可以为第一产业和第二产业提供资金支持，从而促进第一产业和第二产业的发展，反之，第一产业和第二产业的发展又可以为金融业和金融服务业的发展提供基础和技术支持。目前，大力提倡科技兴农和科教兴国，教育的发展可以为第一、第二产业提供智力支持。就第二产业来讲，工业和建筑业的发展，一方面可以吸纳农村富余劳动力，促进第一产业更健康有序发展；另一方面，可以拓宽金融、保险等第三产业的业务范围；民以食为天，就第一产业来讲，农林畜牧业的良好发展是第二、第三产业得以发展的基础和保障。

产业生态化是传统产业结构优化和升级的重要途径，是区域经济得以可持续发展的关键，产业生态化使得产业间的关联更为突出。南阳市的产业结构以农业为主导，同时第三产业也在迅速发展中。在生态农业和生态旅游业发展方面，南阳市有天然优质的旅游资源，又具有较好的产业基础和市场知名度，这都是发展旅游业得天独厚的有利条件，在市场、环境、资源和产品方面为生态产业耦合奠定了基础，使得产业间更容易相互延伸、彼此渗透。

2. 水源区生态产业耦合的可行性和必要性分析

1）水源区生态产业耦合的可行性

南水北调中线工程通水后，作为水源区渠首城市，南阳市的知名度得以提升，这是一种无法估量的隐形资源，为南阳市的经济社会发展提供了巨大的助力。南阳市的产业结构以农业为主，大量的农产品、农业景观及农耕文化等都是南阳市富有特色的农业资源。同时，南阳市山川秀美，风物宜人，蕴藏着大量类型多样、天然优质的旅游资源，是一个潜力无限的旅游市场，这为南阳市农业和旅游业的生态化和深入耦合提供了优势条件和可行性。一方面，生态旅游业可以助力生态农业的发展，拓展生态农业的生产和应用市场；同时，生态旅游业的发展能够为优化生态农业的内部结构创造条件，能够增强生态农业的发展信心，能够创新生态农业的发展途径。另一方面，生态农业可以丰富生态旅游业的内涵，为其发展注入新的元素；可以创新生态旅游业的形式，为生态旅游业的发展注入活力；可以扩大生态旅游业市场，为生态旅游业的发展提供动力。同时，生态农业和生态旅游业的耦合融合更容易为外界所认识，更加提高区域生态产业的知名度，从而更好地促进区域生态产业的耦合发展，更好地发展区域经济文化。

2）水源区生态产业耦合的必要性

南阳市产业结构以农业为主导，尽管有着厚重的产业基础，但传统农业的经济效益低下且易受市场影响。因此，南阳市农业发展亟待转型升级。为改变农业的弱势属性，农业的生态化是一条可行路径。通过及时获取市场信息、及时调整产业结构、合理增加规模产业和优化市场布局，高效推动农业资源的优化配置和产业联动，丰富传统农业的产业内涵，提高其服务功能。

尽管南阳市蕴藏着大量类型多样、天然优质的旅游资源，但旅游资源开发程度较低，旅游业发展并不旺盛，特别是高知名度旅游产品的缺少制约着旅游业的发展，从而也影响着旅游业对区域经济的贡献。为此，南阳市面临着旅游业生态化的发展之路。

另外，一方面为配合南水北调中线调水工程的实施，南阳市部分工业企业向外迁出，这不仅改变了南阳市的产业结构，而且削弱了各产业的生产能力。另一方面，为纠正和解决社会经济发展过程中造成的环境问题，国家和南阳市都出台了更严格的环境保护制度，终结了高投入、高消耗和高污染的发展模式，这都严重限制了当地的经济发展。为契合经济社会发展主题，南阳市必须通过行政、法律或经济手段，促使南阳市产业生态化和产业耦合，以提高资源的利用率和社会经济发展水平，并减少社会经济发展过程对环境的污染和破坏。

4.1.3 生态产业耦合系统的构建及耦合内容分析

本部分首先探讨南水北调中线河南水源区生态产业耦合系统形成的动力因素,绘制耦合系统的动力来源结构图,并从自组织演化和他组织演化两个角度对耦合系统形成的动力机制进行探讨;其次,课题从产业互动与要素凝聚的视角阐述生态产业耦合对南水北调中线河南水源区整个产业的牵动效应和促进效应;然后,按照产业耦合系统必须取得自然、经济、社会、环境和技术规律等五类规律相互作用的协同效应的指导思想,构建生态耦合系统;最后,从产业要素、产业结构、产业布局和产业制度等方面分析生态产业耦合的内容。

1. 生态产业耦合系统的动力机制分析

1)生态产业耦合系统的内源动力

(1)逐利和竞争的需要

逐利是资本的天性,效益是企业的核心。对企业来说,如果产业耦合能够改善原有产业的生产和发展状态,能够提高原有产业的竞争力,能够带来原有产业无法实现的经济利益,那么产业耦合是必然选择。

(2)企业的社会责任感

在现代文明发展过程中,企业给社会经济发展提供了庞大的物质基础,同时大大加重了生态环境的承载负荷,使生态环境濒临崩溃,让人类一次次遭受自然报复。依此逻辑发展下去,人类物质文明的巅峰之时亦恐是人类文明的灭顶之日。因此,企业的管理者应拥有厚重的社会责任感。这要求企业在积极创造物质财富的同时,认真聆听生态环境的声音,努力建设生态产业耦合系统,终结高消耗、高污染、低产出的传统经济发展模式,最大限度地提高不可再生资源的配置和投入功效。

在生态产业耦合系统建设过程中,企业亦应通过环保宣传普及来提高环保理念,通过践行生态理念树立企业形象,并以生态和谐和可持续发展作为企业的生态道德要求,实现逐利和情怀的和谐统一。

(3)信任与合作的需要

生态产业耦合系统建设需要不同企业的参与,因而企业间的协调与合作至为重要。特别是在产业发展不成熟的情况下,产业耦合基础不牢固,耦合过程肯定会遇到如资源利用不充分、过程同质化和资金不足等诸类问题。另外,产业耦合是一个由浅入深的进化过程,会经历要素耦合、结构耦合、布局耦合和制度耦合等阶段,这都需要参与企业全方位的合作和至高的信任度。总之,产业耦合需要企业信任,企业信任促成企业合作,企业合作促进产业耦合。

2)生态产业耦合系统的外源动力

生态产业耦合系统的健康发展离不开外源动力的推动作用,其主要来自以下几个方面。

（1）政府的引导作用

生态产业的耦合发展需要大量的资金投入。在生态产业耦合过程中，财政资金、民间资金及国外资金都需要政府以相应的政策去配置、去吸引，从而提高区域社会经济发展的机遇；同时，发达国家实践证明，生态产业的耦合发展需要完善的规范和制度去规范市场行为。因此，政府必须通过有序有力的干预与引导，为生态产业耦合发展建立起保驾护航的市场秩序和法规政策，从而规范市场行为、维护市场秩序、优化市场环境、提升市场活力，促进生态产业耦合的健康发展。

（2）政策的支撑作用

第一，产业耦合保障政策。有力有效的保障措施和手段是生态产业耦合能否健康发展的重要条件。生态产业耦合的健康发展需要完善细致的规划，而规划的实施需要政府强有力的保障来控制和支撑。各级政府应抓住当前生态产业耦合发展契机，积极响应国家战略，将生态产业耦合政策作为考评生态产业耦合水平的关键性指标，以促进生态产业耦合发展的落实与迈进。

第二，产业耦合导向政策。在传统产业发展过程中，不合理的政策导向产生了严重的环境问题。因而，生态产业的耦合发展必须在保护生态环境的前提下，实现产业和产业结构的转型升级，进而增强区域社会经济实力，增加百姓收入。

第三，产业耦合优惠政策。政府必须出台相应的优惠政策以激励生态产业的耦合发展。比如，对采用生态技术、生态能源和生态工艺的企业给予生态环境补偿，对加强排污管理、污染破坏小、产出效益高的企业给予相关税费减免的税收优惠。

（3）经济发展的推动作用

第一，经济发展助力产业结构调整。经济发展助力产业结构调整体现在四个层面：①经济发展促进产业要素在产业内转移，提高各产业要素的配置效率；②经济发展推动各要素在产业之间转移，提高各资源要素的利用率；③经济发展带动产业的耦合发展，促使各产业转型升级；④经济发展提高产业耦合发展的综合竞争力。

第二，经济发展促进第三产业发展。随着社会经济发展和居民生活水平的提高，人们对生活品质的要求越来越高，在满足物质消费的同时，人们更加关注精神享受。源于人们高层次的消费心理，旅游、保险、健康、教育等第三产业的消费占比越来越大，经济发展对第三产业的发展有很大的促进作用。

第三，经济发展创造就业机会。经济发展很大程度上促进了第三产业的发展。目前，第三产业可以提供大量的就业岗位，吸纳大量的劳动者参与，创造更多的社会效益，从而为生态产业耦合发展提供资金支持。如此循环，为社会创造众多的就业岗位。

（4）科技创新的促进作用

第一，科技进步是推动生态产业耦合发展的重要支撑，它为产业内部各要素增添了活力，促使它们之间的组合更加快速和完善，从而优化升级产业内部结构，并加速产业间的耦合过程。

第二，科技创新促进了生态产业的耦合发展，扩展了生态产业的耦合范围，丰富了产业耦合的形式和内容，可以满足消费者的参与感，从而为生态产业的可持续耦合发展提供创新支持。

2. 生态产业耦合对水源区产业的效应分析

随着南阳市产业结构的不断优化升级及国家经济的快速发展，第一、二、三产业表现出明显的耦合渗透和彼此交融的发展趋势，它们之间的耦合发展是提高南阳市经济及竞争力的重要动力和途径。产业间的耦合效应表现在以下几个方面。

1）第三产业的发展对第一、二产业发展的促进作用

作为产业结构中知识密集型的高端存在，第三产业对调整产业结构、转变就业结构和升级需求结构等方面具有巨大的促进作用。

（1）第三产业对调整和升级产业结构有促进作用

在国民经济发展过程中，第三产业的发展其实是第一、二产业升级和进化的结果，而第三产业的发展又对第一、二产业的发展有很大的促进作用，第一、二产业的创新和发展都极大地关联了第三产业。作为产业结构中知识密集型的高端存在，第三产业能够加强第一、二产业之间的互动与协调，其发展能够加速产业间关联协调并降低交易成本，从而加快产业结构的升级转型。

（2）第三产业对转变就业结构有促进作用

随着三次产业耦合的逐步深入，新技术、新能源在生产服务过程中的应用越来越广，各种创新产品和创新工艺不断出现，产业创新和运行效率不断提高，产业劳动生产率和生产效益快速提高，产业布局亦得到优化调整。因此，部分产业的劳动力会发生迁移和流动，流向最能体现个体价值的产业，从而引起三次产业中就业结构的不断变化。这种变化可能发生在三次产业内部，也可能发生在三次产业之间。

（3）第三产业对升级需求结构有促进作用

科技是第一生产力，创新是第一推动力。科技创新的落地和应用需要通过第三产业的技术服务平台来实现。通过第三产业的技术服务平台，技术创新可以广泛地应用于产业，提高产业要素的利用率和产业运作效率，进而促进消费品的更新换代及消费结构和需求结构的升级。

2）第一、二产业发展对第三产业发展的促进作用

（1）第一、二产业的需求会加速第三产业的发展

在社会发展过程中，第一、二产业对科技需求的强度越来越大，而科技创新的落地和应用需要第三产业技术服务平台的支持，因此社会经济需要第三产业的快速发展。研究发现，区域的垄断竞争产业、高科技产业、高端全球化产业和民营产业的比例，决定了该区域社会经济发展对第三产业的需求强度，它们的需求极大地促进了第三产

业的发展。

（2）产业集聚是第三产业实现技术服务的基础载体

研究发现，产业集聚产生规模效应。一般而言，大量生产和服务功能相同或相似的企业集聚可以降低第三产业的技术服务成本，有利于提高第三产业的服务质量。产业集聚不仅使得知识信息更易扩散，而且提高了第三产业科技服务与第一、二产业的关联度，进而又加强了第三产业的科技服务能力。

3. 生态产业耦合内容

在生态产业耦合过程中，产业耦合主要包括要素耦合、结构耦合、布局耦合及制度耦合等几方面内容。

1）要素耦合

产业要素耦合包括产品耦合、技术耦合和资本耦合。产品耦合体现在两个方面：一是耦合新兴产业产品对传统产业产品的替代；二是传统产业产品对耦合新兴产业产品的支撑。技术耦合主要体现为耦合新兴产业的高新技术对传统产业技术的改造和升级，以及耦合新兴产业的高新技术对传统产业的渗透和扩散。资本耦合表现为传统产业为耦合新兴产业的发展积累资本、为耦合新兴产业的融资需求提供保障，还表现为耦合新兴产业的发展扩大了传统产业的资本获取途径。

2）结构耦合

结构耦合包括横向和纵向二维耦合。横向耦合描述产业结构中各产业的比例关系。产业结构的优化过程中，各产业的比例关系应该是耦合新产业比重逐渐升高，传统支柱产业比例趋于稳定，而夕阳产业的占比逐渐下降。纵向耦合描述各产业在发展时间上的前后承接关系。传统产业是国家经济命脉的现实支柱，耦合新兴产业是国家经济命脉的未来希望，传统产业与耦合新兴产业在发展时间顺序上先后承接，耦合新兴产业是对传统产业的继承，更是对传统产业的优化升级。通过结构耦合，耦合新兴产业接力传统产业更好地服务于国家社会经济建设。

3）布局耦合

布局耦合包括三个方面，一是空间布局耦合。耦合新兴产业的兴起和发展依赖于技术、资本和资源等要素，而技术、资本和资源等要素则是传统产业积累的发展结果，所以耦合新兴产业往往最早出现在技术、资本和资源等要素的集聚地区；二是地域分工耦合。在国民社会经济发展过程中，区位优势和资源禀赋的不同形成了产业的地域分工，京津冀经济圈和长三角经济圈的形成就是案例；三是区域流动耦合。一般而言，传统产业具有劳动密集型特点，为节省劳动力成本，它们总是从高成本的发达区域流向低成本的落后区域，如纺织业。而耦合新兴产业多为技术、资金密集型产业，它们往往建设在发达地区，如阿里巴巴。产业布局耦合是要素耦合和结构耦合的深入深化。

4）制度耦合

制度耦合是一次耦合循环过程的最后阶段。作为特点和功能相异的两种产业，耦合新兴产业与传统产业的制度体系相互促进、相互区别。传统产业制度有利于保持经济稳定，耦合新兴产业制度则有利于推动经济的健康发展。通过宏观把握，对传统产业和耦合新兴产业分别建立相关制度，可以对影响产业结构的诸多要素施加作用，进而影响产业结构。

4. 生态产业耦合系统构建

生态产业耦合系统是关于自然、社会、环境、技术和经济的复合生态系统。其中，自然环境系统为耦合系统提供物质和能量，经济系统是耦合系统运行载体，社会系统负责耦合系统运行调控，科学技术系统实现科技渗透、提高劳动者素质和生产技能，从而促进耦合系统发展。生态产业耦合系统的构建，必须按照自然、经济、社会、环境和技术规律等五类规律相互作用的协同效应的指导思想进行。

在自然生态系统中，生产者、消费者、分解者和无机环境相互作用形成统一整体，其中，生产者、消费者和分解者构成有机环境。它们之间最本质的联系是捕食和被捕食的关系，以食物关系为纽带，自然生态系统将有机环境和无机环境通过食物链连接起来，逐渐形成自然稳定高效的营养结构。借助自然生态系统的组织关系，可以分析生态产业耦合系统的产业结构，从而解释生态产业耦合系统运行过程中存在的诸多问题。生态耦合系统的三大产业和自然生态系统中生产者、消费者和分解者的角色类别及成员组成见表4-4。

表4-4　系统角色类别及成员组成

角色类别	概念	成员结构
第一产业（初级生产者）	对自然资源进行初级加工的产业	畜牧业和农、林、渔业
第二产业（高级生产者）	对第一产业产品进行再加工或生产高级产品的产业	电力、热力和采矿 水和燃气的生产与供应 产品制造、加工业
第三产业（消费者、分解者）	以第一、二产业产品为物质基础，服务第一、二产业且产生物质或精神生产力的产业	广义的服务业 废弃物回收业 废弃物分类业 废弃物处理业 废弃物再利用业

生态产业耦合系统中，三次产业之间的产品流动决定了系统的基本结构形式，见图4-2。

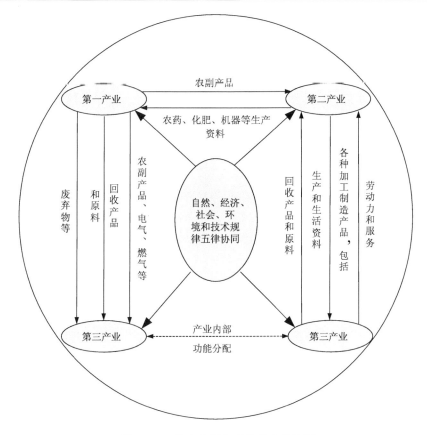

图 4-2 三次产业耦合系统基本结构图

4.1.4 生态产业耦合系统影响因素分析

生态产业耦合系统的形成与演化主要受到 3 个层面因素的影响，即宏观层面的环境约束因素（如资源、市场、政策、文化及科技等环境）、中观层面的产业关联因素（如产品、价格、劳动就业、生产技术及投资等关联）和微观层面人的主体能力因素（如知识传授、吸收及转化等能力），它们共同决定了耦合系统演化的路径和方向。宏观层面是系统耦合的保障和桥梁，中观层面是系统耦合的基础和必然条件，微观层面是系统耦合的原动力和催化剂。各因素相互作用机制如图 4-3 所示。

1. 宏观环境约束因素

1）政策环境

生态产业发展并不只是单纯的生态领域和产业领域，而是涉及社会的各个领域。我国市场机制不完善，尚不能真正发挥市场对资源的配置功能，因此，政府的宏观政策调控是生态产业发展的有力保障。政府作用是产业耦合的外源动力，首先，政府应着力建设健康、合理及公平公正的法制环境，以法制维护市场秩序，以有序规范市场行为，从而优化市场环境，提升产业耦合效能，增强产业耦合活力。其次，政府应构建产业发展保障体系。一是确定评价生态产业的关键性指标，落实产业耦合发展的各层目标；二是建立以产业结构优化和资源开发利用效率为导向的考评机制，正确引导产业耦合发展方向；三是给予相关企业税收优惠和生态补偿。最后，政府应构建投融资保障体系。生态产业的耦合发展离不开资金的支撑，财政资金、民间资金及国外资金都需要政府以相应的政策去配置、吸纳和保障，从而提高区域社会经济发展的机遇。

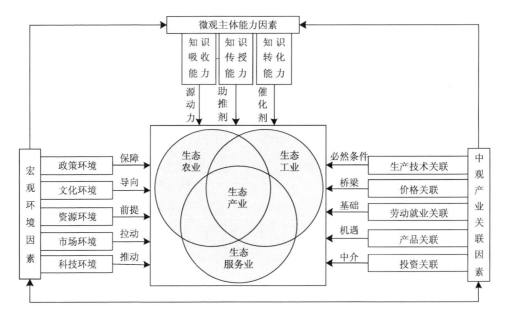

图 4-3　生态产业耦合系统的影响因素及相互作用

2）文化环境

除了政策保障外，主体的自我调控和规范会对生态产业系统发展提供导向，即人与自然相处过程中形成的世界观、价值观和道德观。在人和自然相处的过程中，人和自然的关系经历了三个阶段：最先是天人统一阶段，该阶段描述人与自然朴素的和谐关系，即人类有限度地向自然索取，此过程基本不破坏生态环境；其次是天人对立阶段，该阶段强调人与自然的对立。在该阶段，人类以"己"为中心，无视自然的生态平衡需求，贪婪无度地向自然索取，破坏自然，但同时人类也遭受自然报复；最后是天人和谐阶段，该阶段强调人与自然的和谐共生，即人类运用高科技向自然索取的同时，又积极地保护补偿自然，维护生态平衡。因此，生态产业耦合系统的形成和发展需要构建生态文化，该文化的道德观、价值观和世界观以生态为核心，并融入绿色生产生活方式。

3）资源环境

资源包括自然资源和社会资源，这里仅讨论自然资源。自然资源实质上就是自然环境的总和，它在一定的时空条件下，能够创造经济价值以提高人类的当前和未来福利，如土地资源、水资源、生物资源、气候资源、矿产资源等。自然资源具有分布不平衡、不规律、总量有限性的特点，该特点要求必须实施生态产业，不断提高资源的使用效率，使产业发展与资源结构有效地结合起来。因此，资源是人类社会赖以生存和发展的基础，更是生态产业发展的前提。

4）市场环境

市场在生态产业耦合发展中发挥着不可替代的拉动作用，各利益相关者参与市场的创造性和积极性表现如何，取决于市场机制的有效调动。因此，在生态产业发展的初期，需要充分发挥市场的拉动和规范作用，有效发挥政府采购功能，打造采购生态，创造规范有序市场，提高生态产品竞争力，实现产业结构战略性调整。

5）科技环境

对产业的定向、对资源的开发利用和对生态环境的修复与改善是当代科技的三大功能，也是科技环境推动效应的重要体现，它们的不同表现与科学技术水平所处的阶段紧密相关。科技水平较低时，必然伴随着粗糙的工艺水平、陈旧的生产设备、落后的管理理论和实践及低下的生产力水平，必然形成经济系统中的高消耗、高污染，科技水平的制约也会造成资源环境的不合理开发、生态建设和环境修复裹足不前等问题。反之，当科技水平较高时，随之而来的是传统产业被针对性地改造或升级、新兴产业不断涌现、经济结构更趋合理和高级、能源消耗降低且附加值得以提升；资源利用率大幅度提高，经济社会运行的消耗和污染产生率大幅度降低，自然资源的开发利用更趋合理，从而为环境保护与生态建设提供有力的科技支撑。因此，发展环境保护与生态建设相关领域的科学技术，研发并推广有效的污染控制技术、污染治理技术、生态恢复与重建技术，对于推动社会经济效益和效率具有重要意义。

2. 中观的产业关联因素

1）生产技术关联

生产技术关联是指一些产业为另一些产业提供满足技术性能要求的机器设备、产品零部件、原材料以及劳务等。在生产过程中，为保证产品质量和技术性能，产业会根据自己的产品结构和生产技术特点，就对标产业提供的产品和劳务提出质量标准、工艺标准和技术规范等诸多要求，而不是被动接受其提供的技术和劳务输出，因此，这种生产技术关联决定了产业间产品和劳务的供求关系。作为产业关联的重要纽带，生产技术的发展变化不仅影响产业间产品和劳务的供求关系，而且还可能改变产业的供应链结构。

2）价格关联

价格关联是产业间产品和服务关联价值量的货币表现。价格关联使用价格作为统一度量，使不同产业、不同质地的产品或劳务可以比较，是构建投入产出价值模型的依据和基础。价格关联为产业结构变动提供了可靠的分析手段。

3）劳动就业关联

劳动就业关联描述了产业发展变动间的相关性。某一产业的发展变化会影响其他产业的发展变化，从而增加或减少相关产业的劳动就业机会。当某一产业的人力资源配置状况发生变化时，劳动就业关联会使得关联产业人力资源配置状况产生相应变化。

4）产品或劳务关联

社会分工是产品或劳务关联的基础。在社会再生产过程中，由于社会分工的存在，产业间必然发生双向或单向的产品或劳务输出。某一产业的产品结构、产品的技术含量、产品的生产方式、产业的规模和服务内容等某一方面或多方面发生变化，会引起相关产业的产品结构、产品技术含量、产品的生产方式、产业规模和服务内容等某一或多方面发生相应的变化。产品或劳务关联是产业间发生最广泛、最基本的关联，在其基础上，派生出生产技术关联、价格关联、劳动就业关联、投资关联等关联方式。

5）投资关联

社会经济发展过程中，任何产业都处于一条或多条产业链中，其发展必然受到相关产业的制约和影响，这种影响表现为企业间具有技术经济关联等多种关系。为此，当对一个产业增大投资时，必然会增加对相关产业的投资。这种连锁效应就是产业间投资关联。

3. 微观主体能力因素

生态产业耦合载体是从事生态产业生产的企业，即生态产业耦合的微观主体。企业的行为决定了产业的行为，决定了产业间的耦合途径和方式，实现了产业的参量变化。比如，产业 A、B 间的技术耦合，首先需要产业 A（B）内核心技术的升级和改造，而核心技术的升级和改造无疑将提高产业 A（B）的利润和竞争力，而提高的利润和竞争力将促使产业 B（A）的企业重新配置自身资源，其目的是改进其市场绩效，使产业整体实现较高的生产效率，实现产业间的要素组合。而更高层次的企业种群或者行业联盟等，往往难以实现产业间技术开发的市场组合。也就是，当产业 A（B）内企业的资源供给量或价格变化时，产业 B（A）中的企业将受益或受损，因此，产业 B（A）中的企业将改变自身资源利用率、生产规模或企业的产业产能。微观主体主要通过知识吸收能力、知识传授能力和知识转化能力作用于生态产业耦合系统的发展。

1）知识吸收能力

何永清和张庆普（2012）研究认为，知识吸收能力包含 4 个维度，即知识获取、知识转化、知识消化和知识利用。知识获取能力是指企业搜寻、识别以及获得外部新知识的能力；知识转化能力是指企业融合或转化外部新知识为内部知识的能力；知识消化能力是指企业解释、分析，以及理解外部新知识的能力；知识利用能力是指企业应用知识于实际运作并产生商业化成果的能力。

2）知识传授能力

知识传授能力包括知识总结、提炼及输出等维度。其中，知识总结能力是指企业用演绎思维归纳获取的碎片知识，从而形成模块化的能力；知识提炼能力是指企业用抽象思维将模块化知识升华，进而增强其设计研发的能力；知识输出能力主要是将其设计研发能力转化为产品，从而服务社会的能力。

3）知识转化能力

知识经济的兴起改观了社会的发展理念，使产业和企业认识到自主创新的重要性。自主创新的基础和关键是人才，经济发展的核心竞争力是人才，而人才的养成不仅需要较高的知识学习能力，更需要强大的知识转化能力，知识转化能力是普通劳动者转变为科技人力资源再转变为最高优先级别资源的关键。

4.1.5　生态产业耦合系统的结构与功能分析

1. 生态产业耦合系统结构

生态产业耦合系统是指在资源与环境约束的前提下，构建以资源开发与加工为核心，通过生态农业子系统、生态工业子系统和生态服务业子系统纵向衍生、横向裂变、耦合而形成的高效率、低消耗、无（低）污染、具有和谐生态功能的产业大系统，并通过各子系统内部及子系统之间的相互作用机制实现系统协同发展。系统的组成及各子系统间的相互作用如图 4-4 所示。

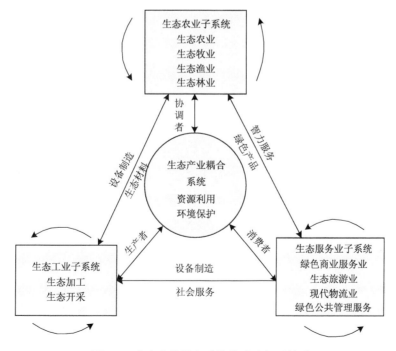

图 4-4　生态产业耦合系统构成及相互关系

生态农业子系统是生态产业耦合系统的初级生产者，它以传统农业精华为基础，因地制宜地结合了现代科学技术。生态农业子系统充分发挥区位资源优势，运用系统工程方法，依据生态经济的"整体、协调、循环、再生"原则，实现粮食生产与经济作物生产相结合的同时，实现种植、林、牧、副、渔业和旅游业的结合及大农业与第二、三产业的结合，实现经济效益、生态效益及社会效益的统一和生态系统与经济系统的良性循环；生态农业子系统是以生态经济学及生态学规律为依据，以保护和改善农业生态环境为前提，运用系统工程理论，科学化、集约化经营的农业发展模式；生态农业子系统是遵循生态经济学和生态学原理，运用现代高科技手段和管理智慧，以传统农业有效经验为基础，能获得多维度生产效益的现代化农业系统。

类比自然生态过程，生态工业子系统是模仿其物质循环方式，应用现代科技构建的一种结构复杂、功能多样的综合工业生产体系。该体系变工业废物为原料，实现循环生产和集约经营管理。生态工业建设主要包括产业生态管理、能源生态管理、产业生态化建设等三部分内容。生态工业系统中，各生产过程通过物流、能流和信息流将产业生态管理、能源生态管理和产业生态化建设三部分互相关联。

生态工业子系统模拟自然系统的功能，建立起类似于自然系统的，以低消耗、低（或无）污染、工业发展与生态环境协调为目标的生态工业链，相当于自然系统的高级生产者。

在生态产业耦合系统中，生态服务业子系统充当消费者和分解者，是在充分合理开发、利用当地生态资源基础上发展起来的服务业。生态服务业子系统涵盖生态旅游、现代物流、绿色商业服务和绿色公共管理服务等业态，是整个生态产业耦合系统正常运转的纽带和保障。

2. 生态产业耦合系统功能

1）提高资源的利用效率

生态产业耦合系统改变了传统产业系统间单向线性联系，在系统空间结构、时间结构、生态位结构和生产层结构的作用下，增加了反馈机制，演变成物质、能量、信息、人才等资源的多级循环，实现了系统资源利用率、循环效率和转化率的提高。同时，通过生态产业耦合，使用后的废弃物仍可以作为其他产业的物质输入，进而产生价值，且随着科学技术水平的不断提高，废弃物的循环、再生利用程度日益提高。产业发展焕发生机与活力。

2）实现产业系统的协同发展

生态产业耦合系统是以自组织方式、他组织作用而形成的时间、空间和功能上有序的开放巨系统。受同一原理、同一目标支配，能充分发挥耦合作用，通过不断地反复诊断、评价、修正整体系统及其子系统，总体上实现乘数效应。通过系统间及其内部诸要素间的互相协作、彼此适应和互相推进，总体实现系统的协同发展。

4.2　南水北调中线工程水源区生态产业耦合系统运行机制分析：
基于演化博弈视角

4.2.1　生态产业耦合系统的资源产权管理机制

对应中央和地方两个主体，生态产业耦合系统的资源产权管理模式两种：一种为中央政府对生态产业耦合系统的资源产权进行严格的统一管理；另一种则是生态产业耦合系统的产权由地方政府进行分散管理，中央政府仅在宏观政策上对其进行政策引导（雷玉桃，2006；杨云彦和石智雷，2008；王军生等，2015）。本节依据演化博弈理论，建立不同利益主体间的演化博弈模型，该模型以中央的政策收益函数为依据，比较分散管理与统一管理的效益，从而实现对生态产业耦合系统的资源管理模式及发展趋势进行研究的目的。

1. 生态产业耦合系统的资源产权管理演化博弈模型

假定一：演化博弈模型中有 2 个参与者，即地方和中央政府生态产业管理部门；假定二：在生态产业耦合中，参与者都希望最大化自身利益。中央政府希望通过对生态产业耦合发展的统一管理，实现相关区域经济的迅速发展。因此，中央政府积极支持生态产业的耦合发展，其表现为中央向地方生态产业管理部门发展产业耦合提供补贴，补贴率为 t，其大小由地方生态产业管理部门的发展能力决定，地方生态产业管理部门能力越高，补贴率越低，能力越低，补贴率越高。中央政府也希望通过发展生态产业耦合获得收益，获益方式为征收资源补偿费用。假设 x 为资源补偿费征收比例，y 为地方生态产业管理部门发展产业耦合获益。

中央政府的预期收入为

$$S_z = (1-t)xy \tag{4-1}$$

地方生态产业管理部门的预期收入为

$$S_d = [1-x(1-t)]y \tag{4-2}$$

在保证自身支出需要的前提下，为使地方生态产业管理部门收入最大化，中央政府对生态产业耦合系统的资源产权管理可以用以下公式表示为

$$\begin{array}{c} Max U_z = \log[1-x(1-t)]y \\ \text{s.t. } (1-t)xy \geqslant E \end{array} \tag{4-3}$$

式（4-3）中，E 为中央政府为促进生态产业耦合发展所付出的支出。地方生态产业管理部门希望预期收入减去征收的资源补偿费和支出成本之后的收益最大化，即

$$Max U_d = [1-x(1-t)]y - ty^2 \tag{4-4}$$

这里假定 ty^2 为地方生态产业管理部门的支出成本，如果补贴率 t 低则说明地方生态

产业管理部门管理水平高，地方生态产业管理部门的支出成本也比较低。

2. 中央政府对资源产权进行统一管理模式博弈分析

在中央政府对资源产权进行统一管理模式中，中央政府会向地方征收资源补偿费，征收比例为 x；同时向地方生态产业管理部门发展产业耦合提供补贴，补贴率为 t。体现中央政府对地方生态产业管理部门的管理。地方生态产业管理部门根据中央政府的征收比例 x 和补贴率 t 选择自身的生态产业耦合系统的管理水平，在中央政府对资源产权进行统一管理模式中，中央政府对征收比例 x 具有完全的强制力，这是中央政府对地方生态产业耦合系统中资源产权统一管理的象征。

在中央政府对资源产权进行统一管理模式的博弈当中作出如下假设。

（1）给定地方生态产业管理部门的反应函数，则中央政府对地方生态产业耦合系统中资源产权统一管理的策略是最优的。

（2）给定中央政府和第 i 个地方生态产业管理部门的管理策略，则中央政府和第 $i+1$ 个地方生态产业管理部门的管理策略为最优的。

现在给定征收比例 x 和补贴率 t，地方生态产业管理部门收益最大化为

$$U = [1 - x(1-t)]y - ty^2 \tag{4-5}$$

对式（4-5）中的变量 y 进行求导得到地方生态产业管理部门的反应函数为

$$y^* = \frac{1 - x(1-t)}{2t} \tag{4-6}$$

因为中央政府知道地方生态产业管理部门的反应函数，所以中央政府对生态产业耦合系统的资源产权管理可以表示为

$$\begin{aligned} \text{Max} U_z &= \log[1 - x(1-t)]y \\ \text{s.t. } &(1-t)xy \geq E \end{aligned} \tag{4-7}$$

将 y^* 代入上式，则上式变为

$$\begin{aligned} \text{Max} U_z &= \frac{\log\{[1 - x(1-t)]^2\}}{2t} \\ \text{s.t. } &(1-t)xy^* \geq E \end{aligned} \tag{4-8}$$

构造拉格朗日函数如下

$$L = \log\{[1 - x(1-t)]^2 / 2t\} + \lambda\{(1-t)x[1 - x(1-t)]\} / 2t \tag{4-9}$$

构造拉格朗日函数最优化一阶条件为

$$\frac{\partial L}{\partial x} = 2 / [1 - x(1-t)] + \lambda[1 - 2x(1-t)] / 2t = 0 \tag{4-10}$$

由式（4-10）可知 $x < 1/2$，由此可以知道该博弈的均衡必须满足 $y^* > 1/4t + 1/4$。

3. 地方政府对资源产权进行分散管理模式博弈分析

地方政府对生态产业耦合系统的资源产权进行分散管理，即中央赋予地方生态产业管理部门较大的管理权力，中央政府仅在宏观政策上对其进行政策引导，地方生态产业管理部门对生态产业耦合系统的资源产权进行自主管理，虽然中央政府仍然以征收比例 x 征收资源补偿费，但是赋予地方生态产业管理部门比较大的管理权力。

在地方政府对资源产权进行分散管理模式的博弈当中作出如下假设。

（1）给定地方生态产业管理部门的策略 y，则中央政府对地方生态产业耦合系统宏观管理的最优策略为 x^* 和 t。

（2）给定中央政府的反应函数 $x(y)$ 和第 i 个地方生态产业管理部门的管理策略，则第 $i+1$ 个地方生态产业管理部门的管理策略为最优的。

现在给定 y，地方生态产业管理部门收入最大化为

$$\text{Max} U_z = \log[1 - x(1-t)]y \tag{4-11}$$
$$\text{s.t. } (1-t)xy \geq E$$

构造拉格朗日函数如下

$$L = \log\{[1 - x(1-t)]y\} + \lambda[(1-t)xy - E] \tag{4-12}$$

令 $\dfrac{\partial L}{\partial \lambda} = 0$ 得 $(1-t)xy = E$，则有 $(1-t)x = E/y$，中央政府的目标函数为

$$U_z = \log[1 - x(1-t)]y = \log[(1 - E/y)(1-t)x/E] \tag{4-13}$$

$$\frac{\partial U_z}{\partial x} = (t-1)/[1 - x(1-t)] + (1-t)y/[y - E + (1-t)xy] = 0 \tag{4-14}$$

由式（4-14）可以得到中央政府的反应函数为

$$x(y) = y + E/2(1-t)y \tag{4-15}$$

因为地方生态产业管理部门知道中央政府的反应函数，则有

$$\text{Max} U_d = [1 - x(1-t)]y - ty^2 \tag{4-16}$$

将以上中央政府的反应函数带入式（4-16），则有

$$U_d = [(1+t)/2 + (y-E)/2y]y - ty^2 \tag{4-17}$$

纳什均衡为

$$y^{**} = 1/4t + 1/4 \tag{4-18}$$

将式（4-18）代入式（4-15）中，得到纳什均衡时征收的资源补偿费 x^{**} 为

$$x^{**} = [8Et^2 + (1+t)(1-t^2)]/4t(1-t^2) \tag{4-19}$$

分析比较中央政府对资源产权进行统一管理和地方政府对资源产权进行分散管理的收益，可以发现 $y^* > y^{**}$，即中央政府进行统一管理所带来的预期收益较高。

4.2.2　生态产业耦合系统的资源优化利用机制

在南水北调中线河南水源区生态产业耦合系统发展过程中，一个重要问题是如何合理高效地利用系统资源，因此很有必要对生态产业耦合系统的资源优化利用机制进行分析与研究。资源不可能被无限制地开发和利用，资源的开发和利用会有一定的限度，如果对资源的开发和利用超过限度就会引发很多问题甚至灾难。分析生态产业耦合系统的资源优化利用机制目标在于资源的利用强度与资源的可利用限度之间的协调一致，实现生态产业耦合系统的可持续发展，从而实现水源区生态产业耦合系统资源优化利用的最终目标和系统的可持续发展。本书根据水源区产业系统的实际情况，依据效用理论，建立耦合系统的社会福利函数模型，主要对生态产业耦合系统中的不可再生资源优化利用机制进行分析与研究。

1. 社会福利函数模型构建

根据生态产业耦合系统中的不可再生资源的使用情况不同，社会福利也会不同，假设社会中每个人具有相同的偏好，其对资源的消费水平为 C_t，效用函数为 $U(C_t)$，效用函数满足 $U'(C_t) > 0$，$U''(C_t) < 0$，即消费水平的增加将会使得效用增加，但是效用的增长率是递减的，那么在无限的时间序列当中，可以得到社会福利函数为

$$W = \int_{t=o}^{\infty} U(C_t) e^{-\rho t} dt \tag{4-20}$$

本书主要分析不可再生资源，假定资源的初始存量为 R_0，t 时刻的资源开采和使用量为 S_t，S_t 为控制变量，ρ 为贴现因子，那么就有如下约束条件为

$$R_t = R_0 - \int_{i=o}^{i=t} S_i di \tag{4-21}$$

式中，R_t 为第 t 期的资源存量，R_t 为状态变量，式（4-21）可以转换为 $dR/dt = -S_t$，这也就是说资源存量消耗速度 $-dR/dt$ 等于资源的开采和使用量 S_t。

在生态经济中产出在资本与消费品之间进行分配，产出中没有消费的部分会带来资本存量的变化，可以用下面的公式来表示为

$$\frac{dK}{dt} = Q_t - C_t \tag{4-22}$$

根据柯布-道格拉斯生产函数，$Q_t = Q(K_t, S_t)$，因此可以得到

$$\frac{dK}{dt} = Q_t(K_t, S_t) - C_t \tag{4-23}$$

综上所述建立模型如下

$$\max W = \int_{t=o}^{\infty} U(C_t)\mathrm{e}^{-\rho t}\mathrm{d}t$$

$$\mathrm{s.t.} \quad \frac{\mathrm{d}R}{\mathrm{d}t} - S_t \tag{4-24}$$

$$\frac{\mathrm{d}K}{\mathrm{d}t} = Q(K_t, S_t) - C_t$$

以上模型的 Hamiltonian 方程即汉密尔顿方程为

$$H_t = U(C_t) + P_t(-S_t) + \omega_t[Q(K_t, S_t) - C_t] \tag{4-25}$$

求解以上汉密尔顿方程可得

$$U(C_t) = \omega_t, \quad P_t = \omega_t Q_{S_t}, \quad \frac{\mathrm{d}P}{\mathrm{d}t} = \rho P_t, \quad \frac{\mathrm{d}\omega}{\mathrm{d}t} = \rho \omega_t - Q_{K_t}\omega_t$$

2. 社会福利函数模型分析

通过以上求解的汉密尔顿方程可知：

$Q_{K_t} = \dfrac{\partial Q}{\partial K}$ 表示在第 t 时刻产出 Q 对资本 K 的偏导数，$Q_{S_t} = \dfrac{\partial Q}{\partial S}$ 表示在第 t 时刻产出 Q 对资源开采使用量 S 的偏导数。P_t 代表资源的影子价格，ω_t 代表资本的影子价格，二者都是关于时间 t 的函数。

$U(C_t) = \omega_t$ 代表在任意时刻耦合系统中资源消费带来的边际效用等于资本的影子价格，也就是说耦合系统中一单位的产出用于资源消费所带来的边际收益等于增加资本所带来边际收益。$P_t = \omega_t Q_{S_t}$ 表示第 t 时刻资源的影子价格等于资源产出的边际价值。

$\dfrac{\mathrm{d}P}{\mathrm{d}t} = \rho P_t$ 表示资源在任意时刻都能够得到同样的报酬率，且报酬率等于贴现因子，$\dfrac{\mathrm{d}\omega}{\mathrm{d}t} = \rho \omega_t - Q_{K_t}\omega_t$ 表示资本在任意时刻都能够得到同样的报酬率，且报酬率等于贴现因子。

通过以上分析可知为了最优化利用水源区生态产业耦合系统中的资源，必须通过控制资源产品的价格来减缓资源的消耗速度从而延长资源的使用时间，实现生态产业耦合系统的可持续发展。

4.2.3　生态产业耦合系统的超额利益分配机制

在构建南水北调中线河南水源区生态产业耦合系统之后，耦合系统中利益相关者如何进行超额利益分配就成为不得不解决的关键问题，是否能够为耦合系统构建一个公平合理的超额利益分配机制决定了生态产业耦合系统是否能够稳定地发展。本书利用博弈论相关理论构建生态产业耦合系统的超额利益分配博弈模型，探讨生态产业耦合系统利益分配机制。

1. 建立生态产业耦合系统超额利益分配博弈模型

1）模型假设

（1）为了方便分析生态产业耦合系统超额利益分配博弈模型，在该模型中假定生态产业耦合系统中两个地方生态产业管理部门分别为 G_1 和 G_2，他们都以自身的努力来管理相关生态产业并为生态产业耦合系统做出自己的贡献，d_1 和 d_2 分别表示部门 G_1 和 G_2 在生态产业耦合系统中为管理相关产业所做出的努力水平，则他们的产出可以表示为 $Y = f(d_1, d_2) + u$，部门 G_1 和 G_2 在耦合系统中分别管理着各自的生态产业为整个耦合系统作出贡献，因此 d_1 和 d_2 是互补的，并且他们产出中的函数 $f(d_1, d_2)$ 为他们努力的递增凹函数。假定部门 G_1 和 G_2 努力水平的贡献系数分别为 α_1 和 α_2，u 代表随机扰动项，那么他们的产出可以表示为

$$Y = \alpha_1 d_1 + \alpha_2 d_2 + u \tag{4-26}$$

式中，随机扰动项 u 为一个随机变量，服从 $N(0, \delta^2)$ 分布。

（2）假定部门 G_1 和 G_2 付出的努力可以等价于货币成本，则部门 G_1 和 G_2 的努力成本可以表示为 $C_i(d_i) = C_i + 1/2r_i d_i^2$，其中 C_i 为管理部门的固定成本，r_i 为成本变动系数，其中 $C_i'(d_i) \geqslant 0$，$C_i''(d_i) \geqslant 0$。

（3）假定生态产业耦合系统中的超额利益分配形式为各管理部门按照一定的比例从生态产业耦合系统的总产出中获得收益，假定部门 G_1 获得收益的比例系数为 W，且 $0 \leqslant W \leqslant 1$，则部门 G_2 获得收益的比例系数为 $1-W$。

（4）假定生态产业耦合系统中的产业管理部门 G_1 和 G_2 都是规避风险的，那么这个两个部门规避风险的成本分别为 $C_{G_1} = 1/2\rho_{G_1}W^2\sigma^2$ 和 $C_{G_2} = 1/2\rho_{G_2}(1-W)^2\sigma^2$，其中 $\rho_{G_1} \geqslant 0$、$\rho_{G_2} \geqslant 0$ 为两个管理部门的风险规避系数。

2）建立模型

根据以上假设，可以得到生态产业耦合系统的收入为

$$\begin{aligned} v &= Y - C_1(d_1) - C_2(d_2) \\ &= (\alpha_1 d_1 + \alpha_2 d_2) - (C_1 + 1/2r_1 d_1^2) - (C_2 + 1/2r_2 d_2^2) \end{aligned} \tag{4-27}$$

$$\begin{aligned} v_{G_1} &= WY - C_1(d_1) \\ &= W(\alpha_1 d_1 + \alpha_2 d_2) - (C_1 + 1/2r_1 d_1^2) \end{aligned} \tag{4-28}$$

$$\begin{aligned} v_{G_2} &= (1-W)Y - C_2(d_2) \\ &= (1-W)(\alpha_1 d_1 + \alpha_2 d_2) - (C_2 + 1/2r_2 d_2^2) \end{aligned} \tag{4-29}$$

其中 $v_{G_1}' \geqslant 0$，$v_{G_1}'' \leqslant 0$，$v_{G_2}' \geqslant 0$，$v_{G_2}'' \leqslant 0$。

在考虑两个部门规避风险成本基础上，可以得到生态产业耦合系统的实际收入为

$$\nu - C_{G_1} - C_{G_2} = Y - [C_{G_1} + C_1(d_1)] - [C_{G_2} + C_2(d_2)]$$
$$= (\alpha_1 d_1 + \alpha_2 d_2) - (C_1 + 1/2 r_1 d_1^2 + 1/2 \rho_{G_1} W^2 \sigma^2) \qquad (4\text{-}30)$$
$$- (C_2 + 1/2 r_2 d_2^2 + 1/2 \rho_{G_2} (1-W)^2 \sigma^2)$$

$$\nu_{G_1} - C_{G_1} = WY - [C_{G_1} + C_1(d_1)]$$
$$= W(\alpha_1 d_1 + \alpha_2 d_2) - (C_1 + 1/2 r_1 d_1^2 + 1/2 \rho_{G_1} W^2 \sigma^2) \qquad (4\text{-}31)$$

$$\nu_{G_2} - C_{G_2} = (1-W)Y - [C_{G_2} + C_2(d_2)]$$
$$= (1-W)(\alpha_1 d_1 + \alpha_2 d_2) - [C_2 + 1/2 r_2 d_2^2 + 1/2 \rho_{G_2} (1-W)^2 \sigma^2] \qquad (4\text{-}32)$$

2. 生态产业耦合系统超额利益分配博弈模型分析

下面分别讨论生态产业耦合系统中的所有产业成员都以集体利益最大化作为选择策略、以产业成员都以自身利益最大化作为选择策略的情况。

1）所有产业成员都以集体利益最大化作为选择策略

由上面的式（4-30）可知在生态产业耦合系统中只有整个耦合系统收益达到最大，耦合系统中的产业成员才会得到最大的收益，因此生态产业耦合系统中的所有产业成员都以集体利益最大化为他们的选择策略，在整个耦合系统达到帕累托均衡情况下产业管理部门 G_1 和 G_2 的最优努力水平满足

$$\frac{\partial(\nu - C_{G_1} - C_{G_2})}{\partial d_1} = \alpha_1 - r_1 d_1 = 0 \qquad (4\text{-}33)$$

$$\frac{\partial(\nu - C_{G_1} - C_{G_2})}{\partial d_2} = \alpha_2 - r_2 d_2 = 0 \qquad (4\text{-}34)$$

由式（4-33）和式（4-34）可以得到产业管理部门 G_1 和 G_2 的最优努力水平分别为

$$d_1{}^a = \frac{\alpha_1}{r_1} \qquad (4\text{-}35)$$

$$d_2{}^a = \frac{\alpha_2}{r_2} \qquad (4\text{-}36)$$

由式（4-35）和式（4-36）可知产业管理部门 G_1 和 G_2 在生态产业耦合系统中追求耦合系统集体利益最大化时自身所付出的努力水平与贡献系数成正比，而与成本变动系数成反比。

2）所有产业成员都以自身利益最大化作为选择策略

根据式（4-31）和式（4-32）可知，如果产业管理部门 G_1 和 G_2 只顾追求自身部门收益最大化，在耦合系统的产业管理中采取不合作的策略，那么整个生态产业耦合系统在纳什均衡下产业管理部门 G_1 和 G_2 的最优努力水平满足

$$\frac{\partial(\nu_{G_1} - C_{G_1})}{\partial d_1} = W\alpha_1 - r_1 d_1 = 0 \qquad (4\text{-}37)$$

$$\frac{\partial(v_{G_2} - C_{G_2})}{\partial d_2} = (1-W)\alpha_2 - r_2 d_2 = 0 \tag{4-38}$$

由式（4-37）和式（4-38）可以得到产业管理部门 G_1 和 G_2 的最优努力水平分别为

$$d_1^b = \frac{W\alpha_1}{r_1} \tag{4-39}$$

$$d_2^b = \frac{(1-W)\alpha_2}{r_2} \tag{4-40}$$

由式（4-39）和式（4-40）可知产业管理部门 G_1 和 G_2 在生态产业耦合系统中追求自身利益最大化时自身所付出的努力水平与自身获得收益的比例系数和贡献系数成正比，而与成本变动系数成反比。

将式（4-39）和式（4-35）、式（4-40）和式（4-36）比较可得到 $d_1^a \geqslant d_1^b$，$d_2^a \geqslant d_2^b$，也就是说产业管理部门 G_1 和 G_2 在生态产业耦合系统中追求自身利益最大化时所付出的努力水平低于追求耦合系统集体利益最大化时所付出的努力水平，这样就是使得整个耦合系统不能达到整体最优。

3）求解管理部门收益比例系数 W 的最优解

由式（4-39）和式（4-40）可知在生态产业耦合系统超额利益分配模型中，纳什均衡状态下的管理部门 G_1 和 G_2 的努力水平为 d_1^b 和 d_2^b，他们均为收益比例系数 W 的函数，而生态产业耦合系统的实际收入 $v - C_{G_1} - C_{G_2}$ 是 d_1^b 和 d_2^b 的函数，因此 $v - C_{G_1} - C_{G_2}$ 也是收益比例系数 W 的函数，可以得到

$$\frac{\partial(v - C_{G_1} - C_{G_2})}{\partial W} = \frac{\partial(v - C_{G_1} - C_{G_2})}{\partial d_1^b} \cdot \frac{\partial d_1^b}{\partial W} + \frac{\partial(v - C_{G_1} - C_{G_2})}{\partial d_2^b} \cdot \frac{\partial d_2^b}{\partial W} = 0 \tag{4-41}$$

由式（4-39）和式（4-40）可得

$$\frac{\partial d_1^b}{\partial W} = \frac{\alpha_1}{r_1} \tag{4-42}$$

$$\frac{\partial d_2^b}{\partial W} = -\frac{\alpha_2}{r_2} \tag{4-43}$$

由式（4-33）和式（4-34）可知

$$\frac{\partial(v - C_{G_1} - C_{G_2})}{\partial d_1} = \alpha_1 - r_1 d_1 = 0 \tag{4-44}$$

$$\frac{\partial(v - C_{G_1} - C_{G_2})}{\partial d_2} = \alpha_2 - r_2 d_2 = 0 \tag{4-45}$$

将式（4-42）、式（4-43）、式（4-44）和式（4-45）代入（4-41）式得

$$W^* = \frac{\alpha_1^2 r_2}{\alpha_1^2 r_2 + \alpha_2^2 r_1} \tag{4-46}$$

$$1 - W^* = \frac{\alpha_2^{\ 2} r_1}{\alpha_1^{\ 2} r_2 + \alpha_2^{\ 2} r_1} \qquad (4\text{-}47)$$

由式（4-46）和式（4-47）可知：

$\frac{\partial W^*}{\partial \alpha_1} \geqslant 0$，表示生态产业耦合系统中生态产业管理部门 G_1 努力水平的贡献系数增加时，该部门在耦合系统中获得收益的比例增加。

$\frac{\partial W^*}{\partial r_1} \leqslant 0$，表示生态产业耦合系统中生态产业管理部门 G_1 成本变动系数增加时，该部门在耦合系统中获得收益的比例减少。

$\frac{\partial (1 - W^*)}{\partial \alpha_2} \geqslant 0$，表示生态产业耦合系统中生态产业管理部门 G_2 努力水平的贡献系数增加时，该部门在耦合系统中获得收益的比例增加。

$\frac{\partial (1 - W^*)}{\partial r_2} \leqslant 0$，表示生态产业耦合系统中生态产业管理部门 G_2 成本变动系数增加时，该部门在耦合系统中获得收益的比例减少。

从以上分析可以发现在生态产业耦合系统中，生态产业管理部门收益比例系数随着管理部门自身努力水平的贡献系数增加而增加，随着管理部门成本变动系数增加而减少，也就是说在生态产业耦合系统中，相关生态产业管理部门自身努力水平越高管理能力越强，贡献系数越大或者成本变动系数越小，在耦合系统超额利益分配中就越具有优势，其获得收益的比例系数就越大，获得的超额利益也就越多，反之则获得收益的比例系数就越小，获得的超额利益也就越少。

4.3　南水北调中线工程水源区生态产业耦合系统演化分析

国内外学者对产业耦合从不同的角度进行了大量研究，得出较多研究成果，但多数学者从产业化的视角出发，将产业耦合看成是产业结构升级和产业化的新路径，局限于产业化的思维框架，缺乏大系统理念。研究内容方面，主要侧重耦合现象描述，对于耦合必然性、内在结构、演化机理等研究不够深入，且专门针对跨流域调水工程水源区产业耦合的相关研究更是鲜见。

4.3.1　生态产业耦合系统演化的熵变模型

熵（entropy）的概念起源于 19 世纪的热力学。后来，为描述系统的有序度，物理学家玻尔兹曼拓展了热力学熵的概念和应用，熵值越低，意味着系统越井然有序。其数学表达式为

$$S = \ln w \cdot K_B \qquad (4\text{-}48)$$

式中，K_B 表示玻尔兹曼常数；w 描述系统的微观状态数，当微观状态数 w 相等时，第 i 个微观状态出现的概率为 $P_i = 1/w$；公式（4-48）可以进一步描述为

$$S = -K_B \sum_{i=1}^{w} \frac{1}{w} \ln \frac{1}{w} = -K_B \sum_{i=1}^{w} \frac{1}{w} \ln \frac{1}{w} P_i \ln P_i \qquad (4\text{-}49)$$

研究认为，耦合熵的产生是耦合子系统间及各耦合要素间相互作用的结果。在式（4-49）中，S 不同的宏观状态对应着不同的微观状态，假设某一状态出现的概率是 P_i，且 $\sum_{i=1}^{m} P_i = 1$，则耦合熵的可表达为

$$S = \sum_{j=1}^{n} S_j K_j \qquad (4\text{-}50)$$

$$S_j = -K_B \sum_{i=1}^{m} P_i \ln P_i \quad (j = 1, 2, l, n) \qquad (4\text{-}51)$$

式中，S_j 为系统内各耦合要素间及各子系统间产生的熵值；K_j 为和熵值 S_j 对应的耦合权重。

耗散理论认为，系统内部熵和系统外部熵共同形成系统总熵。系统内部熵描述封闭状态下的系统内部自发作用形成的熵，单一产业与其他产业没有进行自然资源、人口、政策和市场环境的互动与交换，导致熵值始终单调递增，产业系统会越来越向无序状态发展，最终导致这个产业的衰退。系统外部熵是指在开放状态下，不同产业间的相互作用增大了系统的负熵流，从而推动产业系统由低序状态向高序状态发展变化。本书主要描述和刻画耦合产业系统中负熵的产生和变化机理，在生态产业系统耦合过程中具体可用耦合规模熵和耦合速度熵表示。

1）耦合规模熵

生态产业系统耦合规模熵是指产业组织规模对内外环境的适宜程度所产生的熵。其数学表达式为

$$S_s = \sum_{i=1}^{n} S_i K_i \qquad (4\text{-}52)$$

式中，i 描述系统产生扩张熵变的各种影响因素，如自然资源分配、产业间的协调管理、资金的供给水平、污染控制和劳动力转移等；S_i 为对应每个影响因素的熵变；K_i 为每个影响因素的对应权重。设 S_i 为第 i 个影响因素引起的耦合规模熵变，则 S_i 可用式（4-53）所示。

$$S_i = \pm \alpha \sum_{j=1}^{m} P_j \ln P_j \qquad (4\text{-}53)$$

式中，P_j 为各个影响因素对应的影响概率，P_j 满足 $\sum_{j=1}^{m} P_j = 1$；α 为成本参数，表示增加单位收益时对应的增加成本；j 表示各个熵变影响因素包含的子约束，如林业资源约束、矿藏资源约束、水资源约束、土地资源约束，土壤污染约束、大气污染约束，以及污染控制中各产业的劳动力分布约束及劳动力的迁入、迁出约束等。

2）耦合速度熵

生态产业耦合过程中，产业间耦合速度、耦合系统对资源的整合利用程度、耦合系统对废弃物的循环再利用情况及其对环境的治理效果情况等发生变化时，生态产业耦合系统的稳定性将发生变化。在此，用耦合速度熵来刻画系统产生的无序度，可表达为

$$S_v = \sum\nolimits_{i=1}^{n} S_i K_i \qquad (4\text{-}54)$$

式中，i 表示资源消耗率、经济增长速度、生态恢复率、环境承载率等受耦合速度影响的各种因素；S_i 为各种影响因素对应的熵变；K_i 表示不同熵变影响因素对应的权重。设 S_i 为第 i 个影响因素引起的耦合速度熵变，则 S_i 可用式（4-55）所示。

$$S_i = \pm\alpha \sum\nolimits_{j=1}^{m} P_j \ln P_j \qquad (4\text{-}55)$$

3）基于熵流的耦合演化阶段

生态产业耦合系统是一个开放系统。在生态产业耦合过程中，熵减机制发挥着重要作用。生态产业系统的耦合演化过程分为形成和发展两个阶段，其本质是一个熵减过程。

生态产业系统耦合初期，生态系统与产业系统之间、两子系统内部各耦合因素之间及生态产业耦合系统与外部环境之间尚未形成有序结构，此时系统处于失序状态，其耦合熵 S 相对较高，熵值为正且 $dS > 0$，即系统的熵值增加。此时外部环境对耦合系统产生非正向，甚至是负向影响作用。随着系统的发展，其耦合程度逐渐加深，系统子系统间及内部诸要素间的有序度增加，且外部环境与系统间开始产生正向互动，产生负熵流。但此时正向影响作用尚不能抵消系统内部作用产生的熵，即耦合系统仍处于 $dS > 0$ 状态，系统的总熵值依然上升，但速度减慢。当系统与外部环境间正向作用强到一个临界值时，系统总熵值减小，即 $dS < 0$。随着系统与外部环境的耦合发展，系统负熵流的绝对值增大，耦合系统由高熵状态向低熵状态变化。系统耦合熵演化过程可以用图 4-5 表示。

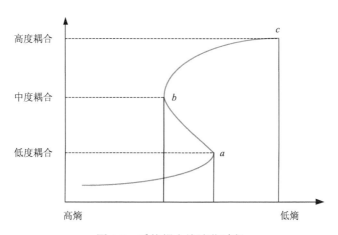

图 4-5　系统耦合熵演化过程

4.3.2　实证研究

1. 研究区概况

南水北调中线工程水源区主要指丹江口库区及上游地区，地处秦岭南坡、大巴山北麓，安康盆地中部，介于北纬 31°20′～34°10′和东经 106°～112°，土地面积达到 9.54 万 km²，区内涉及河南、陕西、湖北和四川 4 省 11 市 46 个县，河南水源区指三门峡的卢氏县，洛阳的栾川县，南阳的西峡县、内乡县和淅川县。鉴于统计数据的可获得性和研究结果的代表性，本节仅选取核心水源区所在的南阳市作为研究对象。

南阳市处于北纬 32°17′～33°48′，东经 110°58′～113°49′范围之内，属于豫西南、豫鄂陕边界交会处，全市总面积 2.66 万 km²，常住人口 1001.36 万人。南阳市是河南省面积最大、人口全省第一的大市。南阳素有"中州粮仓"之称，是全国粮、棉、油、烟集中产地。有 6 个县（市、区）是国家商品粮、棉基地，3 个县（市、区）为国家优质棉基地。

2. 实证结果及分析

为全面准确地探讨南阳市生态产业系统耦合演化情况，以针对性解决南阳市生态产业耦合系统中存在的主要问题，本节以《南阳市统计年鉴》（2006～2018 年）和《河南省环境状况公报》（2005～2017 年）为数据来源，剖析了南阳市生态产业耦合系统演化趋势和可持续发展状况。

根据式（4-52）计算 2009～2018 年 10 年间南阳市生态产业耦合系统演化过程中的耦合系统熵，结果见表 4-5。

表 4-5　南阳市生态产业耦合系统熵变情况

指标	年份									
	2009	2010	2011	2012	2013	2014	2015	2016	2017	2018
速度熵	0.885	0.893	0.894	0.898	0.899	0.899	0.897	0.895	0.892	0.889
规模熵	0.846	0.849	0.856	0.855	0.862	0.868	0.889	0.887	0.880	0.883

根据式（4-53）计算 2009～2018 年 10 年间南阳市生态产业耦合系统演化过程中的耦合系统熵，结果见图 4-6。

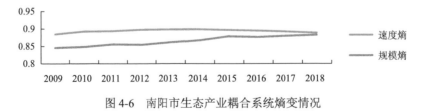

图 4-6　南阳市生态产业耦合系统熵变情况

由图 4-6 可知，以 2014 年为转折点，前期（2009～2014 年）生态产业耦合系统耦合速度熵缓慢增加，这一时期南阳市社会经济发展对自然环境的物质、能量需求不断增加。2014 年后耦合速度熵呈逐年缓慢下降，这一时期南阳市生态产业系统对自然生态系统的需求得到一定程度上的有效调控，南阳市产业耦合发展速度得到有效控制。

在 2009～2015 年间，耦合规模熵缓慢上升，表明南阳市对生态产业耦合规模控制力度还不够；在 2016～2018 年间，耦合规模熵基本不变，表明南阳市的生态产业耦合规模基本得到控制。预测在 2019 年后，南阳市对生态产业的耦合规模控制水平会更高，其耦合规模熵会呈现下降趋势。

4.3.3　对策和建议

1. 积极推进和完善生态工业

南阳市是农业大市，工业基础和生态意识薄弱。基于熵值的生态产业耦合研究表明，耦合速度熵还有较大的上升空间，为此，积极推进和完善生态工业非常重要。生态工业与传统工业不同，传统工业以经济发展和物质生产为导向，在工业化生产过程中，经济发展常常伴随着生态环境的破坏；而生态工业将物质生产和生态环保统一起来，视生态环境优化为工业生产的组成部分，在关注经济发展的同时，亦重视生态环境的优化和改善。工业生产系统中，通过物质、能量和信息的连接与流动，各生产过程组成不可分割的有机整体，表现为一个生产过程的副产物可作为另一生产过程的原材料。当前，南阳市建立了众多的生态工业园区，通过对园区及其内部产业企业的布局优化，能将不同企业、不同生产环节有机衔接，从而实现不同过程、不同阶段产生的工业废物的再利用。生态工业是系统、完整、闭合的生产网络，最终实现产业要素的优化配置、废物的高效利用和降低环境污染的目标。

2. 鼓励生态农业与旅游业的耦合发展

研究表明，南阳市生态农业与生态旅游业的耦合发展水平较低，这不利于南阳市农村经济的发展，也不利于南阳市整个国民经济的发展。因此，必须借国家提倡三产融合发展之契机，丰富南阳市农村经济的内容和形式。

现阶段，南阳市第一产业以传统农业为主，农村资源利用率不高。因此，可以考虑探索规模农业、订单农业及绿色农业等多种业态，既能充分利用农村有限的产业资源，又可以为建设社会主义新农村奠定基础。

另外，南阳市可以将产业融合与农村精准扶贫结合起来，发展多种形式的生态农业项目，既实现了让百姓脱贫致富的目标，又战略性地保护了当地的生态环境。

因此，南阳市应立足当地资源条件，积极响应国家战略，持续优化农业产业结构，探索有特色的农村经济发展之路，加强农业和旅游服务业基础设施建设，促进南阳市农业与旅游业的生态化及耦合发展，打好当地精准脱贫攻坚战，实现经济富庶和秀水青山的美好目标。

4.4 南水北调中线工程水源区生态产业耦合系统的 SD 模型建立及发展策略分析

生态产业耦合系统是一个由产业企业构成的复合生态系统，其自身的稳定协调性不仅提升了产业企业的生存及获利能力，还决定着系统中各资源、物质的高效循环利用，决定着是否能减轻对生态环境的压力。因此，学界对生态产业耦合系统的研究不仅仅是技术方面的再组织问题，更关注的是社会经济因素的影响。通过查阅现有相关文献资料发现，学界的研究主要集中在产业耦合系统的发展时空演变规律、耦合协调机制、耦合协调度测量模型，以及耦合优化模型这四个方面。其中发展时空演变规律方面，把握耦合系统协调发展关系的变化规律和空间差异特征可以预见系统协调发展是否存在问题，并能为后期研究人员判定其耦合协调程度提供重要条件，因此学者们对耦合系统的协调发展历史演进和时空演变的研究已有了较为全面的认识；另一部分学者从系统的耦合机制入手，探讨在相关理论基础上推动单一产业与环境耦合能力提升的作用机理，为分析系统的耦合机制提供了有力的基础条件；耦合协调度测量模型方面，为了能够及时、正确地提供能够反映偏差的信息，学界采用静态或动态耦合协调度模型开展了一系列的测量研究，以揭示各耦合系统协调水平的空间相关性、空间演化特征，以及影响因素，并取得了丰硕的成果；耦合优化模型方面，学者对耦合优化模型的构建主要基于投入产出模型、多目标规划模型、系统动力学模型、灰色关联模型、耦合协调度模型来进行模拟，并由此提出耦合系统协调发展的对策建议。从上述研究可看出：在研究体系上，关于耦合系统的模拟和优化的研究成果相对缺乏；在研究区域上，针对耦合系统的实证分析多集中于省、市及都市圈，而基于南水北调中线水源区的实证研究非常少见；在研究方法上，主要以投入产出模型、多目标规划模型、灰色关联模型等非线性模型衡量耦合系统的现状及预测其发展趋势，不少学者也试图采用系统动力学模型定量评价区域系统协调发展的状态，但基于系统动力学方法实现对耦合系统模拟和优化的研究文献不多。近年来，SD 模型正在成为一种新的方法论和重要的模型方法，适用于大规模复杂及高度非线性的社会问题，具有广泛的应用场合。因此，基于前人研究成果和系统动力学思想，本书运用系统动力学方法，通过构建系统动力学模型，模拟与仿真生态产业耦合系统未来发展趋势，进而为实现生态经济协调发展目标及产业动态优化等提供理论引导与实践指导。

当前，生态产业耦合系统研究的是产业活动与生态环境的耦合关系。一方面，产业活动的开展必然是一个向自然索取并返还自然的过程，从而对资源环境产生胁迫作用；

另一方面，资源和环境的有限性对产业活动构成制约。特别是在南水北调中线工程的水源区，为了维护水生态环境，国家政策和产业规定均对此区域施加了限制。因此，在这一关键地区，我们应更加重视生态产业耦合系统的协调发展理念。南水北调中线工程水源区位于丹江口库区及上游地区，主要涉及河南、陕西、湖北、四川 4 省 11 市 46 县，相对于全国而言，长期以来水源区发展水平差距过大，这显然阻碍了南水北调工程的宏伟目标的实现。产业的发展、城镇化进程的加快必然导致水源区在未来一段时间内资源环境消耗量增大，产业活动与环境间的矛盾逐渐凸显。当前，水源区生态产业耦合系统协调发展主要面临的问题有：①城镇化进程的加快和人口的变化趋势使得劳动力生产要素成本快速上升及人均资源使用量逐渐减少；②产业的发展使得污染物排放量增大，但是污染物处理能力不足，使得环境资源压力逐渐增大、产业结构性矛盾加剧，对中线水源区协调发展造成严重威胁。因此当前及今后一段时期，要求中线工程水源区的生态与产业协调发展不能单一地追求经济规模和增长速度，而是注重量与质的统一，关注如何转变发展方式、转换增长动力、优化产业结构，以提升经济增长质量，实现产业的生态化建设。

4.4.1 生态产业耦合系统 SD 模型建立

1. 生态产业耦合系统内涵

耦合系统是指为实现总体大环境的协调目标，各个子系统或类之间相互关联所形成的一种模式，它是一个物理学领域的概念，在系统演化过程中，当一个子系统或类的变化对另一个子系统或类的影响很小时，则该系统是松散耦合的；当一个子系统或类的变化对另一个子系统或类的影响很大时，则该系统是强烈耦合的。各子系统间的相互依赖程度、相互作用方式决定了系统的耦合关系。生态产业系统是一个由众多产业构成的复合系统，它是根据生态学原理建立的，不仅要实现与环境和谐相处，还要实现资源的高效利用，生态产业与环境协调发展是生态产业系统的重要特征。生态产业耦合系统是指众多产业内部及其与产业外部之间所具有的强弱关联能力和相互影响的和谐组合，协调性、关联性及反馈性是生态产业耦合系统的基本性质，即在社会经济发展过程中，产业的发展以科学技术为基础，以生态学理念为原则，生态产业耦合系统是使产业稳定而高效地实现其产业综合效益的组合系统。

2. 系统动力学方法

1）系统动力学概述

系统动力学（system dynamic,SD）最早是由美国麻省理工学院（MIT）的 J.W.Forrester 教授提出的一种研究社会系统的模拟技术，是一种系统分析方法论和定性定量相结合的分析方法。其目的在于综合各环节信息的成果，并以相关软件为工具，研究分析系统反馈信息的结构和行为，其分析研究过程包括初步分析、规范分析和综合分析。界定系统边界、确定各因素之间的因果关系是初步分析把握系统结构的前提条件；利用系统动力学软件实现各要素之间的数学模型是规范分析的关键步骤；设计不同方案进行情景模拟是综合分析的评价基础。

2）系统动力学基本原理

系统动力学主要通过对系统进行观察，获取系统重点关注方面的状态信息，并根据状态信息与所期望的状态相比较，然后做出调整实际状态的决策，减少实际状态和期望状态的差距。决策的结果是实施调控，调控又作用于整个系统，使系统的状态发生变化，这种状态变化又为决策者提供偏差信息，从而形成系统的反馈回路。因此，反馈回路是系统动力学的核心与基础，主要以因果（反馈）关系图反映系统反馈回路的关系。因果（反馈）关系图由因果箭和因果回路构成，其中因果箭是连接因果关系的有向线，箭头指向果，箭尾始于因，且因果箭有正负之分，正（+）表示强化，负（−）表示减弱；因果（反馈）回路是一种特殊的因果关系，由原因和结果相互作用形成因果关系回路（环）。在系统动力学方法中，系统内相互作用、相互影响的行为主要由系统中的反馈回路所决定，其核心思想就是找出系统结构的反馈回路结构。基于系统动力学原理和应用领域，本书以南水北调中线工程水源区丹江口库区河南地区为例，在深入分析丹江口库区河南段水源区产业系统内外因素及其因果关系的基础上，运用 SD 模型理论和方法构建南水北调中线工程水源区产业系统的 SD 模型，在选取不同决策变量的基础上设计不同调控策略，模拟不同方案下的发展情景，以期得到实现南水北调中线工程水源区产业系统可持续发展的可行性策略。

3. 模型的建立

1）明确生态产业耦合系统的系统边界

南水北调中线工程水源区的丹江口水库控制流域范围，包括丹江口库区及上游地区，其中丹江口库区地处河南、湖北、陕西、四川 4 省交界，是南水北调中线工程核心水源区，城市、农村及工业区离水库水面较近，对水库水质会产生直接影响。考虑到生态产业系统范围内数据的一致性及政策的可实施性，将水源区丹江口库区河南段南阳市淅川县、西峡县、邓州市、内乡县等县（市）确定为南水北调中线工程水源区生态产业耦合系统的物理边界。在时间上，本节选取 2013～2018 年的时间段来检验生态产业耦合系统模型的相关参数误差，以确保模型的准确性和可靠性。同时，还选取 2019～2045 年的时间段来预测生态产业耦合系统模型的相关参数数据，以指导未来的产业发展和生态环境保护工作。生态产业耦合系统是基于生态视角研究产业活动与生态环境的相互关系的复杂巨系统，主要考察产业活动索取资源到返还环境的过程，以探索实现产业生态化的目标。基于此，将产业子系统、资源子系统、环境子系统作为生态产业耦合系统的系统边界，如图 4-7 所示。各子系统之间相互作用、相互影响的关系共同成为生态产业耦合系统的组合状态。

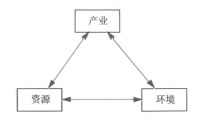

图 4-7　生态产业耦合系统的系统界定

2）生态产业耦合系统的因果反馈分析

通过对生态产业耦合系统的明确界定，可以将其分解为三大核心模块：产业子系统、资源子系统和环境子系统。生态产业耦合系统是一个与自然系统和谐相处的产业结构，使得物质资源得以高效、循环利用的产业组合系统，体现了子系统之间相互联结、相互依赖。从概念上看表现为注重研究产业与生态的关系，主要包括两个方面：一是研究产业活动与资源的相互影响，为实现资源的高效利用目标，发展方式的转变和重视经济质量的提升将是耦合系统关注的重点内容；二是考察产业活动将废弃物等返回的过程，为减缓当前环境压力，将触发生态产业耦合系统对环境压力的响应，重视环境的治理和保护等措施。所以生态产业耦合系统主要包括产业水平、资源水平和环境水平之间相互联系、相互促进的三个方面，其中产业水平指的是农业、工业、服务业（农工服）产业的产值和地区生产总值（GDP），资源水平是指水资源、土地资源存量，环境水平的衡量借助"三废"存量的指标。根据子系统相互制约、相互影响、相互联系的作用机制，构建生态产业耦合系统的因果关系来分析生态产业与环境耦合的反馈回路。主要的因果关系如图 4-8 所示：产业系统资源消耗是问题的起因，引发产业对资源需求的提升，且它的增加促使资源系统提高资源存量，从而减缓产业系统的资源需求量；产业资源消耗和"三

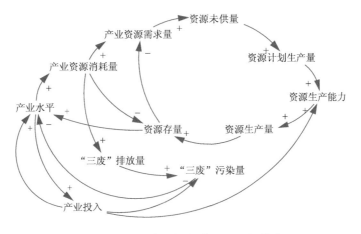

图 4-8　生态产业耦合系统因果关系图

废"污染量排放的增加是产业水平增加的结果，同时产业水平的增加会带来产业投入、会重视资源环境的保护和治理；如果资源的存量被消耗过度，资源系统将会限制产业系统的发展，进而降低产业投入，促使产业系统进行产业调整；当环境系统的"三废"污染量超过生态承载阈值时，污染也将对产业系统起到负反馈的作用，即限制产业水平的提高，降低产业系统的运行效率。

其中因果关系的反馈回路如下：

①产业资源消耗量→+产业资源需求量→+资源未供量→+资源计划生产量→+资源生产能力→+资源生产量→+资源存量→-产业资源需求量；②产业水平→+产业资源消耗量→-资源存量→-产业水平；③产业水平→+产业资源消耗量→+三废排放量→+三废污染量→-产业水平；④产业水平→+产业投入→+产业水平；⑤产业水平→+产业投入→-三废污染量；⑥产业水平→+产业投入→+资源生产能力→+资源生产量→+资源存量→+产业水平。

3）生态产业耦合系统模型的建立

根据系统动力学模型建立的基本原理，结合生态产业耦合系统子系统的划分结果和因果反馈关系，从产业、资源、环境三方面构建三级指标体系（表4-6），为生态产业耦合系统动力学模型基本要素的确定提供更准确的估量。产业子系统从产业水平、产业资金投入和产业劳动力三方面展开，环境子系统主要分为环境压力、环境水平、环境响应这三个二级指标，资源子系统考虑了资源水平、资源使用、资源生产三个方面。

表 4-6　生态产业耦合系统关键指标

一级指标	二级指标	三级指标	单位
产业子系统	产业水平	农业产业产值	万元
		工业产业产值	万元
		服务业产业产值	万元
		工服产业产值	万元
		地区生产总值	万元
		农业产业产值变化率	—
		工业产业产值变化率	—
		服务业产业产值变化率	—
	产业资金投入	农业产业投资	万元
		工业产业投资	万元
		服务业产业投资	万元
		全社会行业固定资产投资	万元
		农业产业投资系数	—
		工业产业投资系数	—
		服务业产业投资系数	—
		全社会行业固定资产投资系数	—

续表

一级指标	二级指标	三级指标	单位
产业子系统	产业劳动力	农业产业就业人数	人
		工业产业就业人数	人
		服务业产业就业人数	人
		总就业人数	人
		农业产业就业比例	—
		工业产业就业比例	—
		服务业产业就业比例	—
		就业比例	—
环境子系统	环境压力	固体废弃物产生量	万 t
		废水排放量	万 t
		废气排放量	万 t
		生活废水排放量	万 t
		工业废水排放量	万 t
		工业废气排放量	万 t
		万元工业产值固体废弃物排放量	万 t
		人均废水排放量	万 t
		万元工业产值废水排放量	万 t
		万元工业产值废气排放量	万 t
	环境水平	固体废弃物存储量	万 t
		废水直排量	万 t
		废气直排量	万 t
	环境响应	固体废弃物利用量	万 t
		固体废弃物处置量	万 t
		固体废弃物利用率	—
		固体废弃物处置率	—
		废水治理量	万 t
		废气治理量	万 t
		废水治理率	—
		废气治理率	—
		废水治理投资	万元
		废气治理投资	万元
		环保治理投资	万元
		废水治理投资比	—
		废气治理投资比	—
		环保投资比	—
资源子系统	资源水平	水资源可利用量	万 t
		耕地面积	千 hm^2
		能源可利用量	万 t

续表

一级指标	二级指标	三级指标	单位
资源子系统	资源使用	农业产业用水量	万 t
		工业产业用水量	万 t
		生活用水量	万 t
		总用水量	万 t
		万元农业产业用水量	万 t
		万元工业产业用水量	万 t
		人均生活用水量	万 t
		建成区面积增长率	—
		能源消耗量	万 t
		万元地区生产总值耗能量	万 t
	资源生产	供水量	万 t
		能源产量	万 t
		供水量变化率	—
		水利投资比	—
		水利投资	万元
		能源投资	万元
		能源投资比	—
		能源生产率	—
		耕地面积变化率	—

（1）产业子系统

产业子系统属于动力子系统，其活动的过程可以由产业水平、产业资金投入和产业劳动力这 3 个二级指标来反映。该子系统选取三产产业产值作为水平变量，以衡量产业水平，其状态的变化由自身内部、从业人员、产业投资水平等因素决定；总产值是第一产值、第二产值，以及第三业产值的总和，同时总产值作为水源区生态产业系统的收入，决定了产业系统、政府、金融机构对各产业系统的投资比例；产业子系统借助产业投资水平、产业结构比例（就业结构）等辅助变量实现与其他子系统的联系。具体 SD 流图模型参见图 4-9。

（2）资源子系统

资源子系统作为保障系统，在一定条件下表现为资源的供给与需求分析，符合"消费者"的消费行为特点，即体现"需求-生产-消费"的过程。根据当前的资源状况，选取水资源、土地资源、能源资源作为考察对象，并且将资源的水平作为模型的状态变量。资源流图模型是一个典型的动力学描述，通过资源未供量获得库存状态信息，并与期望未供量状态相比较，然后作出资源需求量的决策，并通过调节资源生产量改变资源存量状态的变化，变化的资源存量状态再次反馈信息，不断循环。具体 SD 流图模型参见图 4-10。

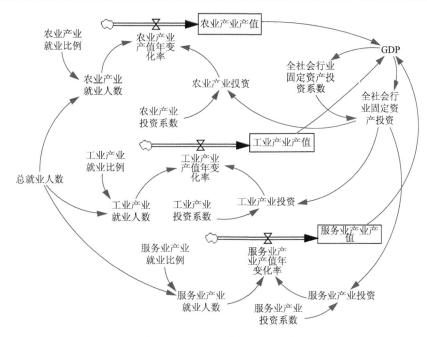

图 4-9　产业子系统流图模型

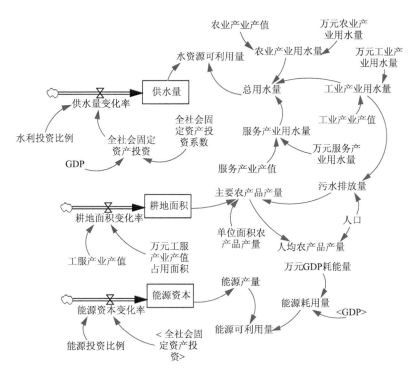

图 4-10　资源子系统流图模型

（3）环境子系统

环境子系统作为约束系统，其对产业子系统和资源子系统的影响主要体现在环境压力（废弃物的排放量）、环境水平（废弃物的存量）、环境响应（废弃物的治理）方面。环境子系统将环境水平作为环境变量。环境水平，即废弃物的存量，是由废弃物的排放量多少所决定的。环境压力和环境响应作为辅助变量实现与其他子系统的联系。其中主要变量有：①废水排放量为工业废水排放量、生活废水排放量的总和；②固体废弃物产生量是工业产业产出与万元工业产业产值固体废弃物产生量的乘积；③固体废弃物存储量是固体废弃物产生量与固体废弃物利用量、固体废弃物处置量的差；④废气排放量是工业产业产值与万元工业产业产值废气排放量的乘积；⑤废气直排量是废气排放量与废气治理量的差。具体 SD 流图模型参见图 4-11。

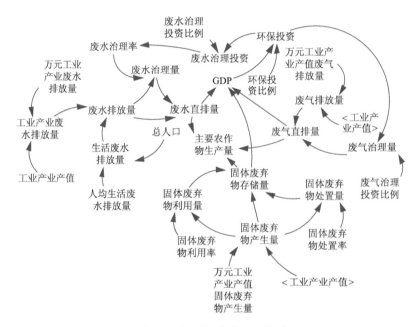

图 4-11　环境子系统流图模型

（4）生态产业耦合系统相互作用机制

生态产业耦合系统是一个具有高度非线性的复杂多回路系统，各子系统间相互作用主要表现为信息流反馈的过程：产业活动的不断扩展和人口的持续增长，将逐渐降低资源环境的可利用性，进而对产业的持续健康发展构成制约。资源是产业及其活动的基础保障，产业的发展需要资源作为后勤保障，产业的发展也将会促进资源高效开发和循环利用，同时自然资源有限性的特征也会约束产业活动的发展；环境是产业活动与资源相互作用产生的状态结果，在环境水平出现偏差前，耦合系统要求采取环境响应措施，通过宏观调控制约产业的发展，实现与其他子系统的相互作用。根据上述各子系统及各个评价指标的分析，将重复变量替换为影子变量，构建生态产业耦合系统的 SD 模型，如图 4-12 所示。

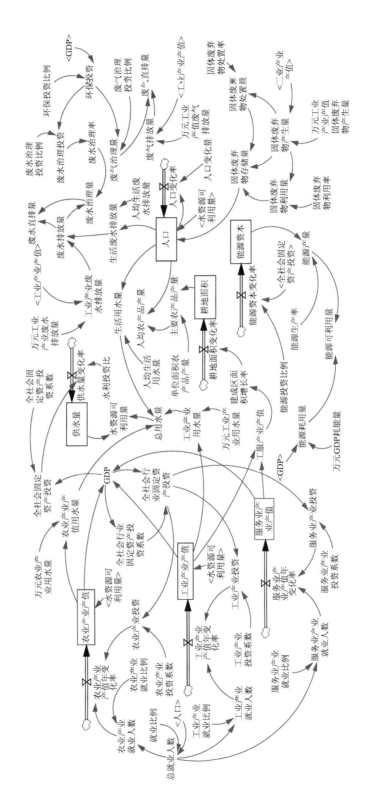

图 4-12　生态产业耦合系统的 SD 模型

4.4.2 生态产业系统仿真实验

1. 生态产业耦合系统模拟参数的确定

结合中线水源区河南段的基础数据对系统进行仿真实验，模拟数据均来自河南省2013~2020年统计年鉴。根据生态产业耦合系统的结构特点，以及变量之间相互影响的特点，本书主要采用柯布-道格拉斯生产函数、回归分析法、算术平均数法等方法确定模拟参数，具体参数确定见表4-7所示。

表4-7　生态产业耦合系统模拟参数一览表

方法	主要变量	结果说明
柯布-道格拉斯生产函数	农工服产业产值变化率	借助柯布-道格拉斯生产函数 $y=AK^{\alpha}L^{\beta}$，将资金和劳动力作为投入要素，表示投入与各产业的产出机制
多重回归分析	供水量变化率、耕地面积变化率、废水处理量、废气处理量、主要农产品产量	构建多重回归模型拟合变量间的关系，对于因变量的均值给出好的估计，且对于给定的自变量值，给出未来因变量值的好的预测
选择函数 IF THEN ELSE（C,T,F）	农业产业产值、工业产业产值、服务业产业产值、人口	若水资源可利用量>0，农工服产业产值=(1+农工服产值变化率)×农工服产业产值，否则，农工服产业产值是水资源可利用量的多重回归函数；若水资源利用量>0，人口=(1+人口变化率)×人口，否则人口是水资源利用量的多重回归函数
算术平均	就业比例、农工服就业比例、人均生活用水量、水利投资比、人均生活排放量、环保投资比例、废水废气治理投资比例、固体废弃物处置率、固体废弃物利用率	根据2013~2020年间河南省、市、县统计年鉴历史资料计算
趋势分析	农工服投资系数、人口变化率、全社会固定资产投资系数、万元农工用水量、万元工业废水排放量、万元工业废气排放量、万元工业产值固体废弃物产生量、单位面积农产品产量	采用各自变量变化率的变化量确定其变化趋势：农工服投资系数（农工服投资变化率的变化量）；人口变化率（人口变化率的变化量）；全社会固定资产投资系数（全社会固定资产投资变化率的变化量）；万元农工用水量（万元农工用水的变化量）；万元工业废水废气固体废弃物排放量（万元工业废水废气固体废弃物排放的变化量）；单位面积农产品产量（单位面积农产品产量的变化量）

2. 生态产业耦合系统模型的检验

在系统仿真之前，为确认模型的有效性需要进行模型检验，本书对生态产业耦合系统模型采用运行检验法和历史数据检验法进行检验。运行检验法是将基准年的各种指标数据输入模型运行，经检验模型的因果关系均符合实际情况。历史数据检验法是规定模型的步长，用预测的数据和历史数据进行对比来计算模型的精准度。由于本模型参数较多，抽取相关指标进行检验，检验结果如表4-8所示，发现指标的预测值和实际值误差均控制在10%以内。通过以上两种方法对模型的检验，说明模型拟合度较好，能够反映南水北调中线工程生态产业耦合系统的实际状态。

表 4-8　误差分析结果

时间	工业产值实际值/万元	工业产值预测值/万元	预测误差	农业产值实际值/万元	农业产值预测值/万元	预测误差
2013 年	903430	903430	0.00	332000	330512	−0.0045
2014 年	877302	831156	−0.052	353656	332165	−0.061
2015 年	837074	764663	−0.086	362737	333825	−0.079
2016 年	685400	703490	0.026	378559	345495	−0.087
2017 年	585400	647211	0.10	381343	347172	−0.089
2018 年	573431	595434	0.038	394050	368858	−0.064

时间	服务产值实际值/万元	服务产值预测值/万元	预测误差	人口实际值/万人	人口预测值/万人	预测误差
2013 年	556122	556122	0.000	70.8	70.8	0.000
2014 年	561683	558903	−0.005	71.2	71.2	0.000
2015 年	567300	561697	−0.010	71.5	71.8	0.004
2016 年	572973	564506	−0.014	71.86	72.3	0.006
2017 年	578702	567328	−0.020	72.31	72.8	0.007
2018 年	584489	570165	−0.025	72.46	73.3	0.012

3. 生态产业耦合系统模拟实验

根据前文耦合子系统评价指标的建立，选取产业子系统的地区生产总值，资源子系统的水资源可利用量、耕地面积、能源可利用量，环境子系统的废水、废气排放量、固体废弃物存储量作为衡量生态产业耦合系统的主要指标。假定模型的时间跨度为 2013～2045 年，各个变量参数保持不变，按照现有的发展趋势模拟运行生态产业耦合系统 SD 模型，以此判断未来一段时间内水源区生态产业耦合系统是否协调发展，并探寻耦合协调发展的主要影响因素，结果如图 4-13 所示。

（1）产业子系统方面：以现有的发展趋势，在 2013～2045 年期间，南水北调中线工程水源区地区生产总值减少趋势较明显，地区生产总值总体下降率将近 40%，丹江口淅川地区生产总值在 2045 年只达到了 1102740 万元，年降幅量以 3% 的幅度递减，同时农业、工业产值水平与地区生产总值保持一致的变化趋势，但服务业的产值水平却保持较快的增长趋势，增长率达到了 17%，说明近几年水源区重视服务产业的发展；整体而言，服务业较快的增长趋势只能缓解产业子系统发展水平的快速减少趋势，并不能提升产业系统的经济水平，服务业还有很大的提升空间。

（2）资源子系统方面：水源区水资源、能源和土地资源利用率、循环利用率不高，资源呈现出逐渐减少趋势。其中能源可利用量从 2013 年的 23.9436 亿 t，减少到 2045 年的 11.0299 亿 t，在近期人口增长的情况下，人均能源可利用量持续下滑；由于服务业产业的大力发展，不断占用耕地面积，耕地面积以每年 0.5% 的速率持续下降；水资源可利用量在前期保持了稳定的增长态势，但后期却表现出降低的趋势，表明供水总量与用水总量之间的差距在不断缩小，水资源将处于紧张状态。

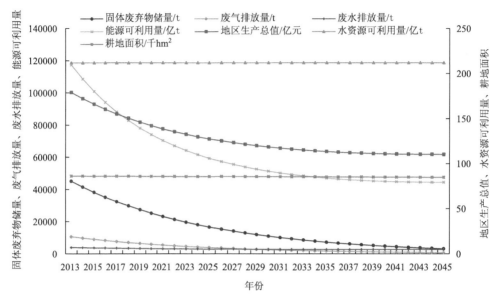

图 4-13　生态产业耦合系统模拟结果

（3）环境子系统方面：在响应国家规划纲要的号召下，2013～2031 年间水源区废水、废气、固体废弃物直排量的总体发展呈现递减趋势，废水、废气、固体废弃物直排量减排率分别达到了 6%、5%、2%，但从 2032 年以后废水、废气、固体废弃物直排量平均减排率不足 0.5%、3%、0.3%；同时，在水源区废水、废气、固体废弃物减排率逐渐递减的情况下水源区资源循环利用率指标必将表现出递减趋势，截至 2045 年水源区废水循环量减少了 28%。表明水源区在资源短缺的情况下同时面临着经济水平下滑、环境污染严重等问题，这将成为严重阻碍生态产业耦合系统协调发展的重要因素。

4.4.3　生态产业耦合系统模型分析

由于生态产业耦合系统中涉及的参数较多，生态产业耦合协调发展的影响因素较多，在众多参数中每一个变量在不同程度上都反映了耦合系统的某些信息，并且参数之间彼此存在一定的相关性，因而耦合系统所得到的数据反映的信息在一定程度上有重叠。因此，在用系统动力学方法研究多变量调控策略时，对系统涉及的参数进行敏感性分析，以此观察水源区生态产业耦合系统重要指标的变化情况。

目前，水源区生态产业耦合系统水资源使用量中，农业水资源使用量、工业水资源使用量分别占总用水量的 30%、10%，而单位农业产值用水量是农业水资源使用量的决定性因素。但是，农业增加值是三产业中产值最低的，只占总产值的 18%。未来，水源区可以通过农业产业技术的进步来降低农业水资源的使用量。废水排放总量中，生活废水排放量占总排放量的 54%左右，人均生活废水排放量占主导地位，可以适当提高环境保护投资比例，在保证水质安全的同时，尽可能将处理的废水向工业或农业转移。工业是固体废弃物和废气排放的主要来源，同时工业增加值在总产值中占有相当大的比例。在水源区耦合系统面临资源环境压力的情况下，可以通过调整工业产业比例来应对。具体来说，可以提高工业产业的投资比例和环保投资系数，推动工业产业的创新转型升级。同时，为了优化产业结构，可以适当向服务业倾斜，以降低对资源环境造成的压力，实现经济的可持续发展。服务业产业的发展既能带动水源区生态产业耦合系统的经济发展，也能减少资源的使用，并在一定程度上缓解水源区产业与环境的主要矛盾，但服务产业的快速增长会使得固体废弃物的存量持续上升。所以生态产业耦合系统的调控策略应重点关注生态环保问题、适当提高各产业固定资产的投资、调整产业结构，以及促进产业创新转型。

4.4.4　结论与建议

生态产业耦合系统的协调发展是水源区产业追求量与质统一的前提条件。随着中线工程的完工、运行，水源区对耦合系统协调发展提出了更严的要求。本书运用系统动力学方法构建生态产业耦合系统的 SD 模型，以南水北调中线工程水源区为研究区，实证模拟与仿真生态产业耦合系统未来发展趋势，并以图的形式反映各子系统地区生产总值、固体废弃物排放量、废气排放量、废水排放量、水资源可利用量、能源可利用量、耕地面积等评价指标的变化趋势。模拟结果、决策变量可以为动态调控生态产业耦合系统协调发展提供理论基础与实践指导。从前文仿真实验可知，按照现有的发展趋势（所有参数保持不变），水源区出现了地区生产总值下降趋势显著、资源循环利用率不高、环境污染严重等现象，失去了各子系统协调发展的良好趋势。为了进一步增进水源区生态产业耦合系统的协调发展，对系统涉及的参数进行敏感性分析，提出水源区生态产业耦合系统的动态调控方案，并在第 7 章中进行仿真模拟分析。

未来，水源区要实现生态产业耦合系统的协调发展，一定要改变现在的发展状态，向政府宏观调控和产业微观管理方向综合发展，以提高资源能源的循环利用率、减少废弃物排放，保护水源区耦合系统的生态环境，实现水源区生态产业的可持续发展。

第 5 章　路径二：水生态环境与经济耦合协调发展

5.1　南水北调中线工程水源区水生态环境与经济耦合协调分析

党的十九大强调了经济发展和生态环境的共生关系，提出了金山银山和绿水青山并重的执政理念。这既是对中华民族的庄严承诺，也体现了党对生态文明建设的高瞻远瞩。在倡导以经济发展为中心的工业化时代，粗放的经济发展模式和不理性的工业发展及能源消费结构导致资源短缺、环境污染、生态系统退化等生态环境问题日益严峻，已影响到我国生态文明的可持续发展。因此，如何促进经济发展与生态环境的和谐共生、探讨并实现二者良性耦合已成为当下亟须解决的重要问题。

对于经济发展与生态环境的关系研究，国外取得了丰厚的成果。Allan 等（2007）运用一般均衡模型解析能源使用效率和经济增量间的相互影响，揭示了二者复杂的耦合关系。Dasgupta 和 Heal（1974）借助固定替代弹性生产函数模型，分析了不可再生资源的最佳使用政策。Chichilnisk（1994）将环境要素引入新古典增长模型，研究了环境资源对贸易发展的作用。Aghion 和 Howitt（1998）基于熊彼特经济增长模型，通过引入不可再生资源和环境污染的评价指标，研究生态环境与经济发展的相互关联。Grossman 和 Krueger（1991）首先提出了环境质量和经济发展的环境库兹涅茨曲线（environmental kuznels curve, EKC），其后大量研究借助 EKC 模型来描述经济增长和环境质量的关系。Torras 和 Boyce（1998）考察 EKC 模型时加入分配基尼系数、公民政治自由及公民权利指标等变量，发现它们对 EKC 的影响显著以致 EKC 呈现 N 型。Selden 和 Song（1994）实证了污染排放量与资本量间的倒 U 型曲线关系，研究认为减少生产中污染排放的关键是减少污染的投资量，但有效的减污活动只有在资本积累到一定程度才会发生。Andreoni 和 Levinson（2001）认为减少污染排放的规模效应足以产生 EKC。

国内学者约于 20 世纪末开始关注生态环境与经济关系的主题研究。张晓（1999）使用国家尺度纵向历史数据，运用多元线性回归方法检验环境库兹涅茨曲线，发现了我国经济发展状况与环境污染水平之间的弱 EKC 关系特征。在其后的研究中，陆虹（2000）、赵细康等（2005）、刘耀彬（2007）、宋马林和王舒鸿（2011）和刘芳芳等（2018）分别从不同角度解释了 EKC 存在的科学性。另外，许多学者运用动态耦合模型和协调度模型在国家、省、市等不同尺度上对经济发展与环境保护间的关系进行实证研究（崔鑫生等，2019；赵菲菲和卢丽文，2022；杨锦伟等，2022）。

本章以南水北调中线水源区南阳段为研究对象，基于其实际情况和数据的可获得性，构建了经济发展与生态环境耦合协调发展评价的指标体系，并运用耦合模型分析与评价经济发展与生态环境的耦合水平，探索二者的耦合协调发展路径。

5.1.1　评价指标构建

1. 耦合机制分析

Grossman 和 Krueger（1995）给出了污染物排放量分解的动态方程，认为引起环境污染的主要因素包括经济规模、产业结构变化和技术效应，1997 年 Panayotou（1997）识别了三种影响环境质量的因素：经济活动规模、经济活动结构或构成、减少污染的需求和减少污染带来的收入效应，并相应对环境效应定义为规模效应、结构效应、收入效应或削减效应。Vukina 等（1999）引入政府结构对污染排放的增长进行分解分析，认为影响环境污染的直接原因有经济规模、经济结构和技术进步，间接因素有环境损害程度、环境意识、决策结构（制度）和市场的完备程度。结合经济发展与生态环境间的互动特征，本章着重从经济、生态环境、技术进步、环境政策，以及环保投资等因素分析经济发展与生态环境耦合机理，见图 5-1。

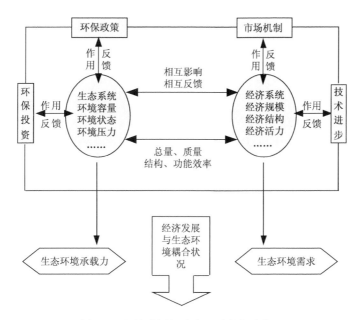

图 5-1　经济发展与生态环境的耦合机理

在经济发展与生态环境的耦合过程中，经济系统是经济发展与生态环境耦合的内在动力，生态系统是经济发展与生态环境耦合的空间支持。其中，经济规模影响经济发展的资源消耗和废弃物排放规模，经济结构控制经济发展的资源消耗和污染结构，经济布局调节经济发展和生态环境影响的空间均衡。技术进步影响经济发展的生态化进程，环保政策约束经济发展的外部环境行为，环保投资促进经济与生态环境的协调发展，市场机制促进资源的合理利用配置和生态的有效保护。

2. 耦合度测度模型

协同理论指出,系统内部序参量间的协同作用左右着系统由无序到有序的演变过程,它决定了系统状态变化的特征与规律。通常,序参量之间协同作用的强度用耦合度来衡量,本书将经济系统与生态系统间的协同作用强度定义为两个系统间的耦合度。

1) 功效函数

功效函数可用来评价经济系统与生态系统对复合系统的贡献量。它根据多目标规划原理,对每个评价指标设定一个值窗,值窗的上下限表示评价的满意和不满意度。首先,计算各评价指标达到目标值的满意分数;其次,通过加权平均评价受试者的整体状况。由此,设变量 u_i($i = 1, 2, \cdots, n$)为第 i 个子系统的序参量,u_{ij} 为第 i 个序参量的第 j 个指标,其值为 X_{ij}($j = 1, 2, \cdots, m$)。M_{ij} 和 N_{ij} 分别为系统稳态时序参量的上下限。为不干预样本值的分布形态。子系统功效系数可表示为

$$u_{ij} = \begin{cases} (X_{ij} - N_{ij}) / (M_{ij} - N_{ij}), & u_{ij} \text{具有正功效} \\ (M_{ij} - X_{ij}) / (M_{ij} - N_{ij}), & u_{ij} \text{具有负功效} \end{cases} \tag{5-1}$$

式(5-1)中,u_{ij} 反映每个指标达到目标值的满意分数,其取值范围为[0, 1]。u_{ij} 越大,表示该变量与系统的最满意要求越接近;u_{ij} 越小,则相差越大。

从总体上看,作为相互依存、协调共生的两个子系统,二者之间协调作用的总效应可以通过 u_i 的集成来反映。总效应不仅与各分量的系统有序度有关,而且与它们的特定组合方式有关。本书采用线性加权集成法,即

$$u_i = \sum_{j=1}^{m} \varphi_{ij} u_{ij}, \quad \sum_{j=1}^{m} \varphi_{ij} = 1 \tag{5-2}$$

式中,u_i 为系统 i 对复合系统协调度的贡献;φ_{ij} 为各个指标的权重,具体可用熵值法计算确定。

2) 耦合度函数

参考物理学的容量耦合模型,可建立式(5-3)所示的耦合度函数。

$$\pi_f = f \cdot [(u_1 \cdot u_2 \cdots u_f) / \prod_{i=1,2,\cdots f; j=1,2,\cdots f} (u_i + u_j)]^{1/f} \tag{5-3}$$

式中,f 为子系统数量。本书涉及经济系统与生态系统两个子系统的耦合度,故耦合度函数简化为

$$\pi = [(u_1 \cdot u_2) / (u_1 + u_2)^2]^{1/2} \tag{5-4}$$

式中,$\pi \in [0, 1]$ 表示耦合度,其大小反映了两系统间的耦合强度。当 $\pi = 0$ 时,经济系统与生态系统之间的耦合最小,所述相互作用可以忽略不计,并且两系统趋向无序化;当 $\pi = 1$ 时,经济系统与生态系统之间的耦合最大,彼此之间形成谐振耦合,并且两系统趋向新的有序结构。参照物理学中耦合度的划分标准,本书将两系统间的耦合状态分为三种情况:低度耦合（$0 \leqslant \pi \leqslant 0.3$）、中度耦合（$0.3 < \pi \leqslant 0.8$）和高度耦合（$0.8 <$

$\pi \leqslant 1$)。

3）耦合协调度函数

虽然经济系统与生态系统间的交互促进和耦合强弱可以用耦合度函数反映，但它难以有效解释耦合系统的整体功效和协同放大效应。由公式（5-4）可知，综合序参量 u_1 和 u_2 大致相等且都取值较小时，耦合度值 π 比较高，结论显然是伪命题。因为经济系统与生态系统的复杂性，系统整体呈现的较高水平的耦合状态不能代表子系统中各个评价指标间的耦合状态。为此，本书构建系统耦合协调度函数来评测经济系统与生态系统间交互耦合的协同程度，其函数式为

$$H = \sqrt{\pi \times D}$$
$$D = \alpha u_1 + \beta u_2$$

（5-5）

式中，H 为耦合协调度；π 为耦合度；D 为综合协调因子，它描述经济系统和生态系统的整体协同效应；α、β 为权重系数，通过 SPSS 因子分析过程得到。在实际应用中，令 $D \in [0, 1]$，以保证 $H \in [0, 1]$。相应地，本书将耦合协调度划分为极度失调（$0.00 \leqslant H < 0.09$）、严重失调（$0.09 \leqslant H < 0.19$）、中度失调（$0.19 \leqslant H < 0.29$）、轻度失调（$0.29 \leqslant H < 0.39$）、濒临失调（$0.39 \leqslant H < 0.49$）、勉强协调（$0.49 \leqslant H < 0.59$）、初级协调（$0.59 \leqslant H < 0.69$）、中级协调（$0.69 \leqslant H < 0.79$）、良好协调（$0.79 \leqslant H < 0.89$）和优质协调（$0.89 \leqslant H \leqslant 1.00$）等十个层级。

4）数据来源与评价指标体系构建

耦合协调度测度指标体系构建是计算协调度的关键环节，该指标体系应满足以下原则要求：完备性，指标体系应尽可能全面覆盖两系统的重要控制变量；客观性，确保指标体系数据来源真实、可靠、准确；动态性，指标体系应反映不同时空维度的状态变化；可表达性，指标体系能够表达系统间的耦合规律；简洁性，指标体系不要太复杂，以避免信息重叠；可操作性，指标体系可获得性好、含义明确。根据上述要求，结合南水北调中线工程南阳段生态环境保护实际情况，选取了对经济系统和生态系统内外部有重要影响的 35 个指标构建耦合协调度评价指标体系，见表 5-1。

表 5-1　经济发展与生态环境耦合协调度评价指标体系

序参量	一级指标	二级指标及其权重
经济系统 E	经济规模 E_1	GDP E_{11}（0.0781）
		固定资产投资 E_{12}（0.0925）
		财政收入 E_{13}（0.0762）
		社会消费品零售额 E_{14}（0.0767）
	经济结构 E_2	第二产业占 GDP 比重 E_{21}（0.0603）
		第三产业占 GDP 比重 E_{22}（0.0606）
		就业人数比重 E_{23}（0.0417）

续表

序参量	一级指标	二级指标及其权重
经济系统 E	经济活力 E_3	研发投资占 GDP 比重 E_{31}（0.0423）
		基本建设投资总额 E_{32}（0.0318）
		科技教育占 GDP 比重 E_{33}（0.0411）
	经济潜力 E_4	GDP 增长率 E_{41}（0.0538）
		固定资产投资增长率 E_{42}（0.0564）
		第三产业产值增长率 E_{43}（0.0693）
		城市化率 E_{44}（0.0384）
		科技人员总数 E_{45}（0.0376）
		万人在校大学生数 E_{46}（0.0423）
	经济响应 E_5	全员劳动生产率 E_{51}（0.0541）
		工业增加值率 E_{52}（0.0468）
生态系统 B	生态容量 B_1	森林覆盖率 B_{11}（0.0656）
		人均耕地面积 B_{12}（0.0967）
		人均水资源量 B_{13}（0.0664）
	生态状态 B_2	工业废水排放量 B_{21}（0.0537）
		工业 COD 排放量 B_{22}（0.0502）
		工业废气排放量 B_{23}（0.0483）
		工业 SO_2 排放量 B_{24}（0.0478）
		工业烟粉尘排放量 B_{25}（0.0524）
		固体废弃物排放量 B_{26}（0.0892）
	生态压力 B_3	万元 GDP 的 SO_2 量 B_{31}（0.0411）
		万元 GDP 的废水量 B_{32}（0.0423）
		万元 GDP 固体废弃物量 B_{33}（0.0518）
		人口密度 B_{34}（0.0793）
	生态响应 B_4	环保投资占 GDP 比重 B_{41}（0.0696）
		固体废弃物综合利用率 B_{42}（0.0537）
		生活垃圾处理率 B_{43}（0.0431）
		工业废水排放达标率 B_{44}（0.0488）

5.1.2　评价指标赋权

为了减小主观因素的影响，使各指标的权重更客观，本书采用熵值法确定权重的赋值。具体步骤如下。

（1）计算 x_{ij} 的比重 p_{ij}，即 $p_{ij} = x_{ij} \Big/ \sum_{i=1}^{n} x_{ij}$。其中，$x_{ij}$ 为第 j 项指标第 i 年指标值，n 为指标取值的年数。

（2）计算第 j 项指标熵值 e_j，即 $e_j = -k \sum_{i=1}^{n} p_{ij} \ln p_{ij}$。其中，$k = 1/\ln n$。

（3）计算第 j 项指标的差异性系数 g_j，即 $g_j = 1 - e_j$，g_j 越大指标越重要。对于给定的 j，$e_j \in （0，1）$ 反映 x_{ij} 的差异大小。当 x_{ij} 间差异为 0 时，$e_j = 1$，指标 x_{ij} 对方案的选择毫无作用；当 x_{ij} 间相差越大时，e_j 越小，该项指标对于方案选择所起的作用越大。

（4）确定权重 $a_j = g_j \big/ \sum_{j=1}^{n} g_j$，结果见表 5-1。

权重值反映出，在经济系统中，固定资产投资、GDP、社会消费品零售额、财政收入、第三产业产值增长率及其占 GDP 比重、第二产业产值占 GDP 比重、固定资产投资增长率等指标的累计权重为 0.8094，以上指标的权重值均超出经济系统的平均权重，对经济发展的影响较大。在生态系统中，人均耕地面积和水资源量、工业固体废弃物排放量、人口密度、污染治理投资占比、森林覆盖率等指标的累计权重为 0.8257，以上指标的权重均超出生态系统的平均权重，对生态系统的影响较大。

5.1.3 耦合协调度评价

根据式（5-4）和式（5-5）得到 2010～2019 年南水北调中线工程南阳段沿线 6 县市耦合协调度计算结果，见表 5-2 和图 5-2。

表 5-2　2010～2019 年南阳市 6 县市经济与生态环境耦合协调度

县市	2010 年	2011 年	2012 年	2013 年	2014 年	2015 年	2016 年	2017 年	2018 年	2019 年
淅川县	0.356	0.476	0.468	0.501	0.496	0.515	0.531	0.525	0.542	0.537
邓州市	0.448	0.514	0.513	0.508	0.505	0.528	0.526	0.534	0.529	0.541
镇平县	0.348	0.447	0.435	0.511	0.498	0.503	0.531	0.524	0.516	0.543
宛城区	0.405	0.463	0.487	0.488	0.503	0.532	0.518	0.527	0.511	0.534
卧龙区	0.424	0.456	0.483	0.504	0.516	0.523	0.532	0.519	0.536	0.553
方城县	0.458	0.455	0.488	0.491	0.513	0.531	0.529	0.524	0.541	0.544

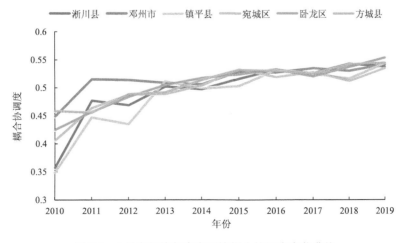

图 5-2　6 县市经济与生态环境耦合协调度变化曲线

图 5-2 的耦合协调度变化时序表明，2010～2019 年中线工程水源区南阳段沿线 6 县市的生态环境与经济耦合协调度整体呈缓慢上升趋势。2014 年以前，6 县市的耦合协调度大部分时间处于濒临失调或轻度失调状态，这可能是因为 6 县市过于追求经济增长而对环境保护考虑不足；2015 年后，6 县市的耦合协调度均已到勉强协调状态，说明其能紧跟国家宏观政策，把握国家重大发展战略和机遇，借助环保政策、环保投资、市场机制和技术进步的多重合力，使得中线工程南阳段的生态环境与经济发展的耦合协调水平形成质的飞跃。但同时更应看到，6 县市经济与生态环境系统的耦合协调度还有很大的提升空间，为此需进一步改善经济发展与生态环境系统间的关系，提高二者间的耦合协调度，进一步促进经济和生态的和谐持续发展。

5.2　南水北调中线工程水源区水生态环境与经济耦合协调度空间分布特征分析

5.2.1　耦合协调空间分布格局分析

为分析 6 县市耦合协调度空间分布情况，本书将 6 县市的耦合协调度水平用 2010～2019 年间的耦合协调度均值表示，其结果见图 5-3。由图 5-3 看出，6 县市的耦合协调度空间分布呈现"东南部高，中西部低"的态势。具体来说，地处南阳西南部的邓州市、卧龙区和方城县，其耦合协调度均超过 0.5，处于勉强协调阶段；地处南阳中西部的淅川县、镇平县和宛城区的耦合协调度均略小于 0.5，处于濒临失调阶段，但非常接近优一级的勉强协调阶段。形成这一格局的主要成因在于，相比中西部地区，东南部地区对水源治理和生态环境保护更为关注。

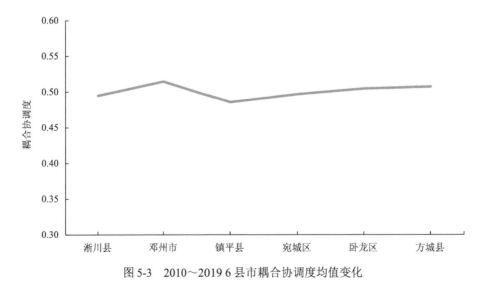

图 5-3　2010～2019 6 县市耦合协调度均值变化

5.2.2　耦合协调系统空间聚类特征及演化过程分析

　　由 2010～2019 年间的变化来看，6 县市的经济与生态环境耦合协调度总体呈现上升趋势。具体来说，2014 年以前，除了南部的邓州市，其他 5 县市的耦合协调度大都属于濒临失调层次，而 2015 年后，6 县市的耦合协调度均已处于勉强协调状态。就耦合协调系统空间聚类特征分析，2010～2012 年，南部邓州市的耦合协调度已由濒临失调状态增长到勉强协调状态，而其他 5 县市的耦合协调度虽有增长但没有突破到勉强协调层次；2013 年，除了邓州市以外，南阳市中部镇平县、东部卧龙区和西部淅川县的耦合协调度也突破到优一级的勉强协调层次，而东部方城县及中部宛城区的耦合协调度依然处于濒临失调层次；2014 年，西部淅川县、南部邓州市和中部镇平县的耦合协调度略有下降，其他 3 个县市的耦合协调度略有增加，但变化均不大；2015～2019 年，6 县市的耦合协调度均处于勉强协调层次，且有向初级协调层次发展的趋势。如果以 2010～2019 年间 6 县市的耦合协调度均值表示耦合协调度水平，则其耦合协调度空间分布呈现"东南部高，中西部低"的聚类特征。

5.3　南水北调中线工程水源区水生态环境与经济耦合协调系统的形成机理分析

5.3.1　系统协调发展的驱动力来源分析

　　内因是根据，外因是条件，水生态环境与经济发展的耦合协调应主要依靠内部力量的推动，二者耦合协调发展的内在机理需要相应的动力运行机制作为铺垫，其动力运行机制主要由自发生成的市场调节、理性设计的政府调控和企业水生态环境保护动力组成。

　　1. 市场调节动力

　　1）市场机制在经济增长中的作用表现

　　经济增长对水生态环境的影响过程中，政府的环境规制不能干扰市场机制的基本作用，会给经济造成不良影响，因为推动经济增长的根本经济机制是市场机制，而水生态环境保护也离不开市场。水生态环境要素流动不仅会提高水生态环境资源配置的效率，而且增加经济产出和社会福利。在社会生产过程中形成的水环境要素生产市场中，各种水环境资源要素的价格体现出稀缺化，促使经济增长方式更具集约性。在一个完备的市场体系的社会生产流通过程中，通过水环境要素市场的生态环境资源耗竭，引发了产品市场的生态环境污染，为此要采取措施健全生态环境一体化的可持续市场体系，如图 5-4 所示。市场机制在经济运行中起到中枢的重要作用，表现如下：各种水生态环境资源要素通过市场调节实现组合，达到最佳的再组合，在经济活动范围内参与市场交换而自由

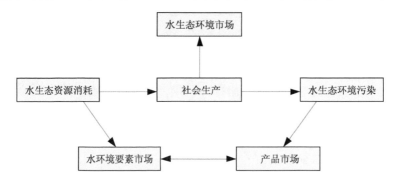

图 5-4　水生态环境与经济耦合协调发展的市场机制

流动，推动实现产业结构和产品结构的合理化，这也体现了市场配置是市场经济中资源配置的主要方式。市场机制成为连接宏观管理主体与微观经济活动的中介，并且对企业的生产环境、物品的经营活动具有直接导向作用。

2）市场机制对水环境生产要素价格的影响

广义的水环境生产要素是指整体水环境作为基础性生产要素，纳入微观和宏观经济进行核算；狭义的水环境生产要素是指把传统生产要素理论中忽略的水环境中废物的能力部分内化到生产要素中，所研究的主体与核心是水环境容量生产要素。在经济增长模式层面上，加强水环境要素研究投入，由于区域间水环境生产要素的禀赋差异，水环境生产要素进入市场流通时，不同区域按照利益最大化原则重新配置。

结合环境经济学理论，假设区域水环境生产要素的初始供给曲线为 S_0，均衡点为 E_0，需求曲线为 D_0，需求量为 Q_0，价格为 P_0，水生态环境生产要素在 A 区域价格较低，在 B 区域的价格较高。若某一水环境生产要素从 A 区域流入 B 区域获得较高利益，这样扩大了水生态环境要素在 B 区域的供给，此时供给曲线右移至 S_1，均衡点为 E_1，价格下降为 P_1。A 区域要素流入后，需要更多的 B 区域要素与之配合，从而对 B 区域要素的需求扩大，D_0 向外移，当 D_0 向外推移到 D_1，新的均衡点为 E_2，均衡需求量为 Q_2，价格为 P_2，过程见图 5-5。

从图中分析，B 区域水生态环境生产要素的报酬增加为矩形 $OP_2E_2Q_2$ 的面积与矩形 $OP_0E_0Q_0$ 的面积之差，水环境生产要素在 A、B 区域之间的流动，将提高 A、B 两个区域水生态环境生产要素平均产出率，使 A、B 区域的地区生产总值增加，从而对 A、B 区域的经济增长起着积极的推动作用。因此依靠市场机制来实现水生态环境资源的分配和组合，主要是通过市场价格信号的变动引起水生态环境资源的自由转移，并且在区域之间进行合理配置，实现经济增长对水生态环境的影响。

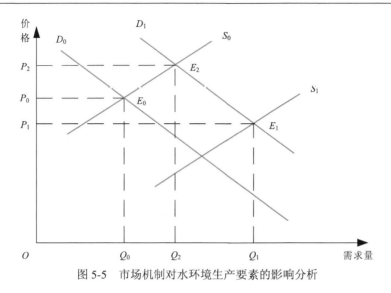

图 5-5　市场机制对水环境生产要素的影响分析

2. 政府调控动力

经济学家阿瑟·刘易斯指出（1996），一个国家要能够在经济上取得进展，必须有一个高瞻远瞩的政府积极推动。政府的作用在于通过适当的制度安排，使经济主体的经济活动受到水生态环境阈值的限制，在此基础上建立水生态环境的产权，将水生态环境资源要素纳入生产要素，计入生产成本。通过制定相关经济政策，建立起与市场经济相适应的水生态环境保护政策调控机制，充分利用经济杠杆和市场规律来推动和引导水生态环境保护。

由于市场存在着市场缺失或竞争不足的问题，无法依靠市场自身的力量建立和完善水生态环境领域内的市场机制，为此建立政府调控机制来弥补市场机制的失效。目前人们形成一种共识：虽然明确分配产权会解决有些外部性问题，但还需要更多积极的政府干预来解决有关水生态环境的外部性问题（斯蒂格利茨，1997）。经济增长过程体现了经济体制由计划向市场化转换的过程，在这个过程中政府起主导作用，实践中政府面对经济增长与水生态环境质量在一定程度上是"两难"选择，很大程度上取决于政府对经济目标与水生态环境目标的权衡选择。

中央政府给予地方政府的政策目标是经济增长和水生态环境保护并行，但考核地方政府业绩的硬指标往往以经济增长为主。从地方政府自身目标来看，地方政府会以经济增长作为目标函数，而水生态环境保护只是作为约束条件，并且长期以来中央对地方政府的激励方式以经济利益为主，因而促进经济增长也就成为了政府最具体的目的。另外，考虑到以地区生产总值为主的考核任免机制，地方政府会选择追求短期利益的唯国内生产总值发展方式，而没有动力去考虑当地居民中长期乃至长远的水生态环境利益。对政府而言，经济快速增长意味着本地区就业水平的增加、地方较大财政收入增加等，能显著提高政府官员的效用水平，这就将政府推上经济优先、水生态环境日益恶化的不可持续路径。当然近几年水生态环境保护目标完成情况被纳入到政府考核评价体系中，在地方政府的经济增长绩效的考核中逐渐实行水生态环境保护目标责任制，政府注意力才转移到水生态环境风险和水生态环境价值评估上。

政府调控应在考虑生产者责任和消费者责任的前提下，公平地分配水生态环境损耗权，使地方政府在竞争中将水环境污染控制在生态系统可承受的限度内，取得一定的生态环境绩效。政府作为一种组织，目标就是要维持和促进社会文明与进步，不能为了自身的经济增长目标、税收目标，而对居民隐瞒企业的真实污染程度，或者对于居民可能遭受的生态环境风险采取不作为的行为，政府有告知公众真实信息的义务。政府经济调控就是政府通过具体经济变量的调整，改善经济运行状况，增进社会福利。政府通过建立健全的水生态环境经济法律制度和有效的水生态环境管理措施及有力的经济激励手段来纠正生产和消费中的水生态环境外部性问题，迫使经济主体合理利用水生态环境资源。

3. 企业保护动力

企业作为一个自主经营、自负盈亏的市场主体，容易从自身的利益出发，为追求更大的利润而忽视企业的发展对水生态环境带来的负面影响。加之通常情况下消费者选择环保业绩比较不错的企业的产品所带来的价格弹性又会影响企业的经济效益（鲁明中和张象枢，2005）。在各种因素均不变的情况下，与企业实施水环境保护之前相比，其生产成本相对较高，因为实施水环境保护需要增加必要的环保设备、开发或购买相关环保技术。企业实施水生态环境保护的成本如图 5-6 所示。当产量为 Q 时，企业实施水生态环境保护前的生产成本为 B，而增加环保设施之后的生产成本为 A，经过时间 t 后，企业实施水生态环境保护前的生产成本为 B_1，企业增加环保设施之后的生产成本为 A_1，STC_1 为企业实施水生态环境保护后的短期生产成本，STC_2 为企业实施水生态环境保护前的短期生产成本，两条曲线之间的截距就是增加水生态环境保护后产生的成本损失。增加生产成本之后，产品价格相应上升，企业便会产生水环境保护的内在动力。

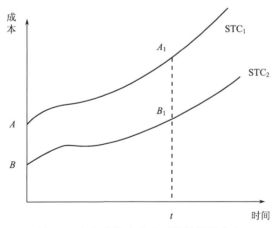

图 5-6　企业实施水生态环境保护的成本

5.3.2 系统协调发展的驱动力异质性分析

市场调节动力、政府调控动力和企业保护动力是水生态环境和经济耦合系统的三驾马车，它们给经济与水生态环境系统的耦合协调发展提供驱动力，三种动力性质各异，见图 5-7。

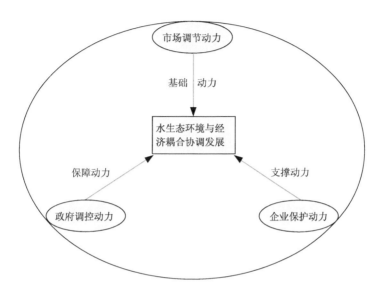

图 5-7　市场、政府和企业对水生态环境和经济耦合协调发展的作用

图 5-7 表明，市场调节动力是水生态环境与经济系统耦合协调发展的基础动力。古典主义学派认为，在自由化的市场体制下，各个市场主体依照效用最大化和效益最大化的原则，追求自身利益最大化，最终使市场达到一般均衡，实现帕累托最优状态。通过市场交易机制，各市场主体在复杂的竞争与合作关系中实现经济资源的合理配置。市场调节机制以市场调节为基本手段，充分发挥自主契约、自由交易和公平竞争等市场手段的作用。所以，从市场调节和宏观调控两种基本的资源配置手段看，市场机制是目前最有效的资源配置方式，市场调节就是实现水生态环境与经济系统耦合协调发展的基础动力。

另外，在推进市场化进程中，政府为市场经济的发展提供稳定的可预期的制度基础，通过制度供给支持水生态环境资源配置和经济运行，激发微观经济活力和创造力。在经济增长过程中，政府不断增强对利益的调控能力，建立利益均衡机制，逐步建立社会利益关系的自我整合机制。同时政府在水生态环境秩序维护和生态文明建设上，应当成为促进水生态环境与经济增长协调发展的责任主体。政府主要通过制订水生态环境经济规划，提供水生态环境经济制度、水生态环境经济信息服务，监督实施水生态环境治理措施，从而建设水生态环境经济意识形态。故而，政府调控动力是实现水生态环境与经济系统耦合协调发展的保障动力。

再者，企业的水生态环境保护会促使其寻求提高资源利用效率的途径，加上水生态环境保护增加了生产工艺流程的复杂性，企业无疑将采取更有效率的生产方式，同时也会使企业重新调整内部的组织结构，重新进行资源配置，从而获得创新优势、效率优势、先行优势和整合优势等一系列的竞争优势。在实际的生产过程中，企业需要降低水环境资源消耗所需要的设备投资，从而节约可变成本，减少水生态环境成本的投入，由于规模经济企业将获得价格较低的水生态环境要素，从而提高水生态环境保护效果，获得经济利益和更高的投资回报，这种效应反过来会增强企业进行水生态环境保护的责任心和信心，从而使企业为水生态环境与经济系统耦合协调发展提供可持续的支撑动力。

5.3.3　耦合协调系统的驱动机制

驱动机制的研究对于揭示南水北调中线水源区经济与水生态环境系统耦合协调发展的原因、内部机制、基本过程、未来耦合协调变化方向和后果，以及制定相应的对策至关重要。南水北调中线水源区经济与水生态环境系统耦合协调发展是多方面驱动因素共同作用的结果。因此，需要从不同维度出发，分析不同驱动因素对南水北调中线水源区经济与水生态环境系统耦合协调发展的影响。中线水源区耦合协调系统的驱动机制如图5-8所示。

产业结构影响中线水源区的经济发展水平和经济效益，同时，产业结构的生态化程度与水源区的水生态环境治理与保护水平高度关联。因此，产业结构的差异是导致水源区经济与水生态环境系统耦合协调水平呈现不同演化趋势的重要原因。在资本逐利和效率驱动等机制作用下，生产要素在区域第一、二、三次产业之间多次转移，最终促使三次产业向协调发展的目标迈进，实现产业结构的生态化并促进系统的耦合协调。

信息化是水源区经济与水生态环境系统耦合协调发展的催化剂。"互联网＋"加快了农业、工业的智能化发展，形成新型智慧产业；"互联网＋"与服务业相结合，加快了服务业网络化进程，提升了服务的便捷化和个性化；互联网的日益普及有利于形成水源区的智慧经济生态，保障水源区经济与水生态环境系统耦合协调发展的成果。

政府推动是水源区经济与水生态环境系统耦合协调发展的保障力量。政府主要是通过制定发展规划、完善城乡基础设施配套、加大水源区环保支出和强化市场监管等手段来影响水源区经济与水生态环境系统耦合协调发展。

技术创新是水源区经济与水生态环境系统耦合协调发展的重要驱动因素。技术因素通过推动农业技术变革和工业转型升级，加快农业和工业现代化进程，从而优化产业结构。技术变革伴随着服务业高速成长，同样有助于水源区产业结构的优化。

市场化主要是通过市场机制对水源区经济与水生态环境系统耦合协调发展产生影响。通过水资源市场化运作，一定程度上促进了水资源的节约使用，并且可以通过市场的重新配置使得有限的水资源发挥更大的作用，从而有利于实现社会经济的可持续发展。在市场机制作用下，水源区对优质环境的美好需求加速了水源区生态资源的资本化进程，推动水源区生态产业化发展。

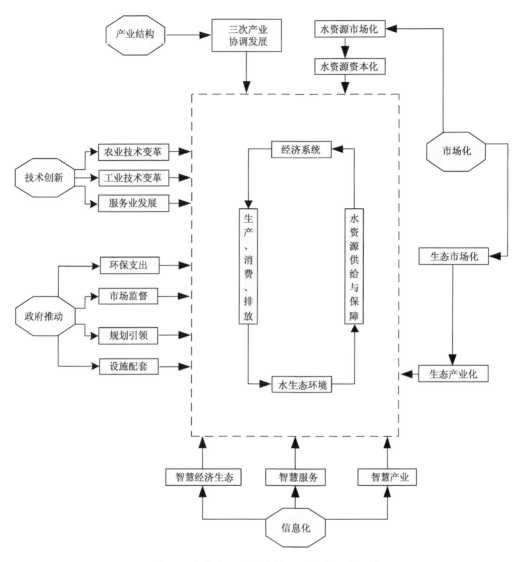

图 5-8　中线水源区耦合协调系统的驱动机制

5.4　南水北调中线工程水源区水生态环境与经济
耦合协调系统模拟

资源是指自然界为人类生产、生活所提供的物质原材料，主要有水资源、生物资源
和矿产资源等。其中，水资源作为人类赖以生存的基础性资源，在人类与环境可持续发

展中发挥着重要作用。然而，人类的出现尤其是全世界大规模生产体系的出现改变了水资源循环、自净的格局和过程，改变了人、水的供需之间的动态平衡关系，改变了人、水协调发展的客观规律，并严重阻碍了水生态环境可持续发展的生态文明发展理念。为贯彻党的十九大精神"建设生态文明是中华民族永续发展的千年大计"，国家将人与自然（资源、环境）的和谐发展作为重要发展战略，将生态环境的可持续发展提高到国家战略高度。同时，学术界紧密结合国家的发展战略主题，紧跟时代步伐，对人类社会生产活动与生态环境（尤其是水生态环境）的相互关系开展了系列理论与实证研究，并已取得丰硕的研究成果。近年来学界对水生态环境与社会生产活动的相互关系研究主要集中在水生态环境与经济增长关系的研究、水生态环境与经济协调发展研究这两个方面，以期寻求水生态环境与经济协调发展的条件，实现可持续发展的目标。水生态环境与经济增长关系研究方面：国内外学者基于历史数据对水生态环境质量与经济水平两者演变关系进行实证研究，分析两者是否存在环境库兹涅茨曲线（EKC）的假设，并结合实证结果对其因果关系进行理论分析，发现水生态环境的影响因素主要有产业结构水平的变动、环境治理投资水平的高低、产业产出水平的高低等，从而为相关单位及后续研究提供了理论指导和实践经验。前期研究发现，水生态环境质量是经济发展的绝对约束条件，且其限制作用逐渐凸显，因此学界开始重视水生态环境与经济协调发展的研究。通过梳理相关文献从两个层面对水生态环境与经济的协调发展进行研究：一是从理论层面研究两者时空发展的途径和内容，主要是引入耦合度模型，测算研究期间内研究区的水生态环境与经济协调发展耦合度，分析水生态环境与经济协调发展时空演化机理，总结关键影响因素，并提出不同区域未来协调发展的建议；二是从实证层面构建评价模型、协调度模型、Ecological Index 模型、驱动力-压力-状态-影响-响应（DPSIR）模型等评价水生态环境与经济发展协调性水平，以探索两者的协调关系，期望寻找既能够改善水生态环境质量，又能实现经济持续增长的措施和途径。

综上所述，通过梳理水生态环境与经济协调发展的相关文献，发现这两个方面的研究成果非常丰富，形成了一系列比较成熟的研究方法。但也存在一些问题，总体而言：第一，关于研究对象，主要是基于省、市，评价其水生态环境与经济的协调关系，且集中于单一产业与经济的关系；第二，关于研究方法，主要采用国外主流的模型和简化的评价模型，采用的模型基本包括各个系统评价指标的构建、评价指标值的确定，以及评价指标协调模型的计量，从而探求水生态环境与经济间的协调关系，分析满意的组合方式；第三，关于研究结果，以浙江省为例，选取 20 年历史数据，仅仅针对该省水生态环境与经济的协调关系进行历史分析，从而提出相关建议和措施，其中相关建议和措施缺乏对未来系统趋势的把控。然而，关于水生态环境与经济协调关系的研究对象不仅仅是某省或市的产业经济，更应该是为保护水生态环境而受国家政策限制、产业限制的重要水源区，从而可以站在协调发展的角度掌握其发展现状、预测其未来趋势、测度不同情景方案的仿真效果，进而提出相关政策建议。关于研究方法，本书通过对比各个模型，发现系统动力学模型适用于水生态环境与经济系统的复杂关系，且系统动力学模型可设定情景方案，动态模拟并开展比较分析，为水生态环境与经济耦合协调发展提供政策建议和理论指导，弥补了以往静态分析仅以现状为基础、不能把控未来趋势的缺陷。

当前，一方面，大规模的生产体系对水生态环境造成了严重的威胁；另一方面，随着人类的进步和社会的发展，水资源的危机将会对人类社会的进一步发展产生约束条件，尤其是为实现我国水资源合理配置格局的南水北调中线工程水源区，这种双向机制尤为显著。南水北调中线工程水源区位于 4 省交界处，长期以来为促进经济发展，主要以粗放型经济增长方式为主体，造成了水源区水生态环境与经济的矛盾加剧。随着国家可持续发展战略的落地实施，如何实现水源区水生态环境与经济耦合协调发展，已成为南水北调中线工程水源区乃至 4 省可持续发展战略实施的核心问题。解决此问题的关键是把握水源区水生态环境与经济两者耦合协调作用机理和发展趋势。基于此，本书采用 SD模型方法，以南水北调中线工程水源区为例，进行实证分析和动态仿真水源区的情景方案，并对各个情景方案进行比较分析，得出结论，为水生态环境与经济耦合协调发展提供政策建议和理论指导。

5.4.1　系统模拟方法选择

1. 水源区水生态环境与经济耦合协调内涵

协调发展是指水源区水生态环境与经济耦合系统为实现持续良性发展的总体目标，水生态环境子系统和经济子系统之间相互作用、相互影响形成的发展模式。水源区协调发展程度是水生态环境与经济系统在实现总体目标过程中各个要素在某一状态下所表现出来的相互影响程度，是一个相对概念。衡量水源区协调发展程度是一组指标的组合，通过判断各个指标在系统演化过程中的波动情况，研究水源区耦合系统的协调发展程度。基于国内外学者的研究贡献，本书借助水资源生产率、产业结构偏水度、水质生态足迹等简单有效的分析方法来评价水生态环境与经济耦合协调发展程度，对从宏观、微观上制定合理的调整政策，以及缓解水生态环境系统与经济系统之间的危机具有重要实际意义。

2. 水源区水生态环境与经济耦合系统研究方法及数据来源

1）研究方法

（1）水源区水生态环境与经济耦合系统水资源生产率

综合以往研究发现，学界通常采用单位产业产值耗水量，或单位水资源耗用量产业产值作为评价区域水资源的用水指标。然而，由于不同产业部门耗水量的巨大差别，仅以单位产业产值耗水量作为产业的用水指标忽视了产业的结构，夸大了问题的描述。基于此，本书借鉴统计学评价效果的相对指标来引入水资源的生产率，定量描述不同产业部门的用水效率，作为分析经济与水资源协调发展的现状评价指标。水源区水资源的生产率是指水源区各产业增加值占总产值比例与各产业水资源利用量占总用水量比例的比值，体现经济结构与水资源利用结构是否协调。首先，将水源区产业按照某一特征进行分类，分成 N 个部门，然后按照以下公式计算出水资源的生产率为

$$RE_k = \frac{\dfrac{C_k}{C}}{\dfrac{H_k}{H}} \tag{5-6}$$

式中，RE_k 表示第 k 个产业水资源的生产率；C_k 表示第 k 个产业的增加值，C 为水源区产业总增加值；H_k 表示第 k 个产业的耗水量，H 为水源区产业总耗水量。其中，当 $RE_k > 1$ 时，表示一定比例的产业增加值能节约较高比例的用水量，该产业水资源的利用率高于常规水资源利用率；当 $RE_k = 1$ 时，表示该产业水资源利用率与常规水资源利用率相当；当 $RE_k < 1$ 时，表示该产业水资源利用率低于正常水平。该方法计算的 RE_k 值越大，表明该产业水资源利用率越高，RE_k 值越小，则该产业水资源利用率越低。通过分析水源区系统水资源生产率，可以对水源区耦合系统的协调性进行初步分析，辨别水源区产业水资源利用率的差异，进而可以明确提高水资源利用率的调整方向。

（2）水源区水生态环境与经济耦合系统产业结构偏水度

水源区水生态环境与经济系统水资源生产率体现了产业结构与水资源利用结构的协调性，但其指标没有反映整体产业结构偏向低耗水率产业的程度。本书引入袁少军等（2004）学者提出的产业结构偏水度模型，评价水源区产业结构的偏水程度，作为本书水生态环境与经济耦合协调系统的第二个评价指标，并为 SD 仿真情景方案设计提供数据支撑。水源区产业结构偏水度模型的设计和计算思路借助算术加权平均法，从系统整体的角度衡量水源区产业结构偏向水资源利用率低（高）产业的程度。具体产业结构偏水度模型计算方法如下：首先，明确各产业单位耗水量，按照单位耗水量的高低进行排序并赋予位置值，单位耗水量高的产业赋位置值 1，单位耗水量次之的产业赋 2，同理依次赋各产业位置值；其次，计算各产业的增加值占总增加值的比例；最后，以各产业增加值占总增加值比例为权重，计算出水源区产业单位耗水量的平均位置值，从而可判断水源区产业结构偏向耗水多的产业还是偏向耗水少的产业。

$$P = \frac{N \times C - \sum_{i=1}^{N} C_i K_i}{(N-1) \times C} \tag{5-7}$$

式中，K_i 为第 i 个产业的位置值，C_i 为第 i 个产业增加值，C 为总产业增加值，N 为产业（部门）总数，P 为产业结构偏水度。P 值的实际意义是借助算术加权平均法，以产业产值比例为权重，计算出产业单位耗水量的平均位置值，考察水源区产业结构偏向水资源耗水量的大小程度；当 P 值越接近 1，表明水源区产业结构越偏向水资源耗水量大的产

业方向；当 P 值越接近 0，表明水源区产业结构越偏向水资源耗水量小的产业方向。通过计算水源区系统产业结构偏水度，可以评价水源区产业结构偏向水资源耗水量的大小程度，为综合评价水源区协调发展提供重要数据支撑。

（3）水源区水生态环境与经济耦合系统水质生态足迹

当前，水源区为保护水生态环境，出现了工业基础薄弱、生态环境与经济发展矛盾等一系列问题，因此，从水质生态足迹方面定量分析水源区水生态环境与经济耦合协调发展的变化趋势规律，是本书水生态环境与经济耦合协调系统的第三个评价指标，为提高水源区水资源利用效率、实现经济可持续性发展及缓解水生态环境恶化问题提供了微观层面的评价方向。水质生态足迹模型的构建借鉴王刚毅等（2019）构建的水生态足迹模型。水源区水质生态足迹指的是将排入水体的氮（N）、化学需氧量（COD）等污染物稀释至标准水平的水资源消耗量，具体水质生态足迹构建的模型如下

$$EF_{COD} = \frac{D_{COD}}{P_{COD}} \tag{5-8}$$

$$EF_N = \frac{D_N}{P_N} \tag{5-9}$$

式中，EF_{COD} 为 COD 污染水质生态足迹，EF_N 为 N 污染水质生态足迹；D_{COD} 为排入水体的 COD 污染物，D_N 为排入水体的 N 污染物；P_{COD} 为水源区水生态环境净化 COD 的能力，P_N 为水源区水生态环境净化 N 的能力。经验表明：一方面，当排入水体的污染物一定时，水源区自身净化能力或净化水平越高，水质生态足迹越小，水资源消耗量越小；另一方面，当水源区自身净化能力或净化水平一定时，排入水体的污染物越少，水质生态足迹越小，水资源消耗量越小，从而为后期水源区水生态环境与经济系统的政策模拟提供方案思路。

（4）水源区水生态环境与经济 SD 模型

通过查阅相关文献发现，在水生态环境与经济协调发展问题方面，主要以系统分析、模糊数学、投入产出等理论和方法为基础，建立基于环境资源约束的经济发展调整模型、水资源投入产出目标规划、基于水资源的产业结构优化模型、产业结构与水资源用水结构协调度模型、产业结构与水资源生态环境协调度模型等，这些模型以单个变量为评价指标，从不同角度描述了水生态环境与经济之间的内在关系。但是，水源区水生态环境与经济耦合协调系统是一个复杂的、多变量的、非线性的巨系统，水生态环境与经济耦合协调程度如何？如何实现两者的协调发展？怎样提出切实相关的政策建议？这些问题研究不能单纯分析单个评价指标的历史变化发展规律，也不能单纯地凭借历史发展规律外推未来发展趋势。如何建立和寻找一种有效且简单的模型来分析水源区水生态环境与经济的耦合协调发展程度，对缓解水生态环境与经济发展间的矛盾、水源区政策调整等具有重要意义。本书在前文评价指标研究的基础上，从反馈控制的观点出发，基于系统动力学理论基础，构建水源区水生态环境与经济 SD 模型，并对其进行仿真模拟。

SD 方法通过描述系统要素之间的因果关系能够很好地把握系统中各条反馈关系，以此建立系统结构模型来呈现系统内外因素的相互关系；SD 方法以计算机模拟试验技术为手段，通过设定系统各种参数，设计多种方案，以观测不同参数变化时系统的行为和变化，对系统偏差进行有效控制。SD 模型中的变量包括状态变量、速率变量、辅助变量。其中状态变量是 SD 模型反馈回路的起点，同时也是终点，是决定系统进行决策的变量；速率变量用来表示状态变量随着时间变化的速率；辅助变量是为了易于理解及简化其他变量而引进的变量。各变量在 SD 模型中的 Dynamo 语言描述如下

状态方程一般形式：L LEVEL.K = LEVEL.J + DT×（IN.JK–OUT.JK）；

速率方程一般形式：R RATE.KL = F（状态变量，参数，常量等）；

辅助方程一般形式：A 辅助变量.K = 算式，变量或数值；

常量方程一般形式：C C = 常数。

状态方程：K 时刻的水平等于 J 时刻的水平加上模拟步长 DT 乘上 JK 期间的变化量；速率方程：表示状态变量随时间变化的变化量，是一种决策变量，具体方程的形式依据具体情况而定，一般而言是状态变量的函数；辅助方程：对复杂速率方程的拆解；常量方程：赋以常数值的语句。

2）数据来源

水源区废水中 COD、氨氮污染物的标准参照《地表水环境质量标准》。各污染物的排放和产业耗水量数据来自 2011～2019 年河南、湖北、陕西 3 省的水资源公报、环境状况公报；各产业产值、人口、固定资产投资等数据来自 3 省统计年鉴。

5.4.2 系统模拟系统动力学模型

1. 水源区水生态环境与经济耦合系统的因果反馈分析

水源区耦合系统结构复杂，影响因素繁多，根据耦合系统协调机制，将水源区水生态环境与经济耦合系统分解为经济系统（经济投资、资源需求、废弃物排放）和水生态环境系统（资源产出、资源供给、环境自净）两个子系统，各子系统之间通过相关变量形成相互联系、相互影响和相互作用的机制，共同构成水源区耦合的复杂系统。水源区经济子系统的水资源耗用是问题的起因，引发系统对水资源的需求；水源区水资源使用量和水源区水资源缺口量是联系水生态环境系统与经济子系统的纽带，促使经济子系统和水生态环境子系统的水资源循环、生产；水源区水资源供给量在生态产业耦合系统中被视作关键的状态变量。这个状态变量通过反馈相关信息，为经济子系统提供了制定决策所需的基础数据。基于这些数据，经济子系统能够采取行动，推动水资源的高效循环利用。在不增加水资源供给量的前提下，这样的策略有助于减缓水源区的水资源缺口量下降，从而实现水资源的可持续利用和生态环境的保护。同时水生态环境子系统的环境压力作为反馈信息作用于经济子系统的各个要素，形成耦合系统的整体反馈关系，各子

系统结构图如下图 5-9。

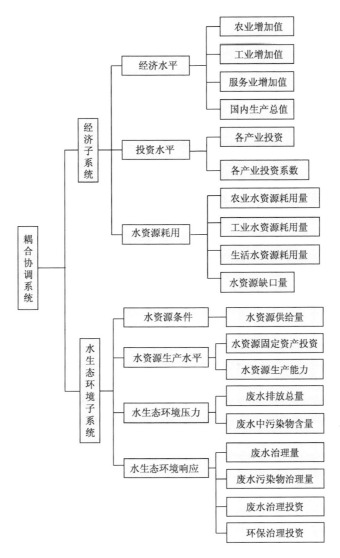

图 5-9 各子系统结构图

其中主要的反馈回路有:①经济水平的变化是产业投资和社会固定资产投资的结果,同时经济水平的提升会带来水资源耗用量和水生态环境压力的增加;②水资源生产水平的高低取决于水资源固定资产的投入,且固定资产的投资又与经济子系统的经济水平相关联;③水资源缺口量作为系统模拟的辅助评价指标,当水资源耗用速率大于水资源供给速率时,水资源缺口量将会以信息流的形式反馈到经济子系统,限制经济发展,从而促使水源区经济子系统做出相应调整;④产业偏水程度是衡量水源区经济产业偏向耗水多(少)的产业的指标,如果产业偏水度偏向耗水多的产业,那么此类产业水平的提高会使得废水排放量及废水中污染物增加,突出水生态环境问题,从而对经济子系统起到制约作用，降低经济水平的增长速度；⑤水生态环境子系统通过水质生态足迹指标实现与经济子系统的相互联系，环保治理投资增加，废水的治理力度及废水中污染物的治理力度会越大，水质生态足迹越小，则经济子系统的压力越小。

2. 水源区水生态环境与经济耦合系统的 SD 模型建立

1）水生态环境与经济耦合系统流程图

根据耦合协调系统的主要反馈回路，结合 SD 模型建立的基本理论方法，从经济、水生态 2 个方面，构建多维指标体系（表 5-3），其变量全面反映了水源区水生态环境与经济耦合作用的机制，也为 SD 模型的建立提供了理论支撑。通过分析各子系统的反馈回路，本书运用 SD 建模软件建立了南水北调中线水源区水生态环境与经济耦合系统的 SD 模型，具体系统流程图见图 5-10。水生态环境系统中不仅要保证水资源供给量满足经济子系统的水资源消耗，确保经济子系统的稳定发展，同时还要保证降低水生态环境压力的水平，即提高资源的循环利用率，保护水生态环境，提高经济发展水平。因此模

表 5-3　水生态环境与经济耦合系统关键指标

一级指标	二级指标	三级指标	单位
经济子系统	经济水平	工业产值	万元
		农业产值	万元
		服务业产值	万元
		总产值	万元
		工业产值比	—
		农业产值比	—
		服务业产值比	—
		工业产值变化率	—
		农业产值变化率	—
		服务业产值变化率	—
	投资水平	工业固定资产投资	万元
		农业固定资产投资	万元
		服务业固定资产投资	万元
		工业投资比例	—
		农业投资比例	—
		服务业投资比例	—
	水资源耗用	工业水资源耗用量	万 t
		农业水资源耗用量	万 t
		生活水资源耗用量	万 t
		万元工业产值耗水量	万 t
		万元农业产值耗水量	万 t
		人均生活耗水量	万 t

续表

一级指标	二级指标	三级指标	单位
经济子系统	水资源耗用	人口	万人
		人口变化率	—
		总耗水量	万 t
		水资源缺口量	万 t
水生态环境子系统	水资源条件	水资源供给量	万 t
		水资源供给变化率	—
	水资源生产水平	水资源固定资产投资	万元
		水资源供给变化率（常量）	—
	水生态环境压力	工业废水排放量	万 t
		工业废水排放系数	—
		生活污水排放量	万 t
		生活污水排放系数	—
		工业废水中 COD 排放量	万 t
		工业废水中 COD 排放系数	—
		工业废水中氨氮排放量	万 t
		工业废水中氨氮排放系数	—
		农业废水中 COD 排放量	万 t
		农业废水中 COD 排放系数	—
		生活污水中 COD 排放量	万 t
		生活污水中 COD 排放系数	—
		农业废水中氨氮排放量	万 t
		农业废水中氨氮排放系数	—
		生活污水中氨氮排放量	万 t
		生活污水中氨氮排放系数	—
		废水中 COD 排放量	万 t
		废水中氨氮排放量	万 t
		COD 污染水质生态足迹	hm^2
		氨氮污染水质生态足迹	hm^2
		产业结构偏水度	—
	水生态环境响应	环保投资	万元
		环保投资比例	—

型分为四个部分：①用总产值来研究经济子系统是否实现可持续发展；②用耦合系统的水资源缺口量来研究水生态环境系统的水资源供给量是否满足经济子系统的水资源耗用量及以此判断是否存在水资源安全问题；③用水资源生产率来研究水资源利用率水平，明确提高水资源利用率的调整方向；④利用 COD 污染水质生态足迹和氨氮污染水质生态足迹来研究水源区经济发展对水生态环境的影响程度。

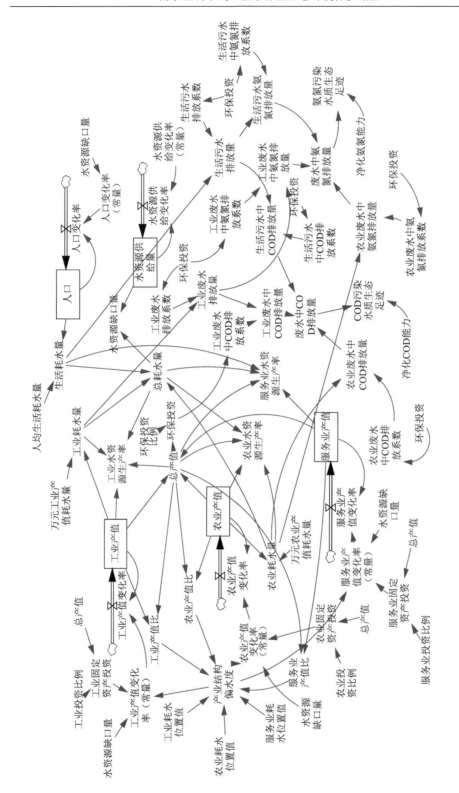

图 5-10 水源区水生态环境与经济耦合系统流程图

2）耦合系统模型边界

考虑系统数据的可收集性、可比性，将中线水源区河南南阳确定为水生态环境与经济耦合系统的物理边界。在时间选择上，本节选取 2012~2019 年的时间段来检验水源区水生态环境与经济耦合系统的相关参数误差。这段时间内的数据有助于评估模型的准确性和可靠性，为后续的预测和分析提供坚实的基础。同时，还选取 2011~2041 年的时间段来预测水源区水生态环境与经济耦合系统的相关参数数据。通过对未来数十年的预测，希望能够更好地了解水源区水生态环境与经济耦合系统的发展趋势，为政策制定和资源配置提供科学的依据。这样的时间划分既考虑了历史数据的可用性，也兼顾了未来预测的可行性，有助于全面、深入地研究水源区水生态环境与经济耦合系统的演变规律。

3）主要变量

（1）总产值为工业产值、农业产值、服务业产值的总和。

（2）总耗水量为工业耗水量、农业耗水量、生活耗水量的总和。

（3）废水中 COD 排放量为工业废水 COD 排放量、生活废水 COD 排放量、农业废水 COD 排放量的总和。

（4）废水中氨氮排放量为工业废水氨氮排放量、生活污水氨氮排放量、农业废水氨氮排放量的总和。

（5）产业结构偏水度是工业产值比、农业产值比、服务业产值比、工业耗水位置值、农业耗水位置值、服务业耗水位置值的函数。

（6）工业水资源生产率是工业耗水量占总耗水量比例与工业产值占总产值比例的比值。

（7）农业水资源生产率是农业耗水量占总耗水量比例与农业产值占总产值比例的比值。

（8）服务业水资源生产率是服务业耗水量占总耗水量比例与服务业产值占总产值比例的比值。

（9）水资源缺口量为总耗水量与水资源供给量的差。

（10）COD 污染水质生态足迹为废水中 COD 排放量和净化 COD 能力的比值。

（11）氨氮污染水质生态足迹为废水中氨氮排放量和净化氨氮能力的比值。

4）模型检验

水源区水生态环境与经济耦合系统 SD 模型构建工作完成之后，在仿真运行之前需要对其进行模型的检验，确认模型的有效性，旨在确保仿真研究效果。本书采用模型自检法和历史检验法对水源区 SD 模型进行检验。由于模型中涉及变量较多，历史检验法选取工业产值、农业产值、服务业产值、人口等参数进行检验，以 2012~2019 年的历史数据为统计数据，将模型中的预测数据与实际数据进行对比，计算出预测误差。模型自检法结果显示合格；历史检验法的结果发现，所有检测变量的预测误差范围都控制在 10%以内（表 5-4），表明该模型能够很好地模拟水源区水生态环境与经济耦合协调系统。

表 5-4　误差结果分析

时间	工业产值实际值/万元	工业产值预测值/万元	预测误差	农业产值实际值/万元	农业产值预测值/万元	预测误差
2012 年	10451700	10231100	−0.02	4159000	4172270	0.003
2013 年	10825000	10844900	0.002	4236200	4339160	0.024
2014 年	11100000	11495600	0.035	4497800	4512730	0.003
2015 年	12441400	12185300	−0.02	4688800	4693240	0.001
2016 年	12687200	12916500	0.018	5016500	4880970	−0.027
2017 年	13643500	13691500	0.004	5155000	5076210	−0.015
2018 年	14414100	14512900	0.007	5209500	5279260	0.013
2019 年	14755700	15383700	0.042	5240200	5490430	0.047

时间	服务业产值实际值/万元	服务业产值预测值/万元	预测误差	人口实际值/万人	人口预测值/万人	预测误差
2012 年	7412500	7250310	−0.020	1013	1024	0.011
2013 年	8346000	8192850	−0.018	1015	1022	0.007
2014 年	9388900	9257920	−0.013	1009	1020	0.011
2015 年	9625500	10461400	−0.086	999	1018	0.019
2016 年	10964500	11821400	−0.078	1002	1016	0.013
2017 年	12351200	13358200	−0.081	1007	1014	0.007
2018 年	13909400	15099480	0.085	1005	1012	0.007
2019 年	15671800	17057100	−0.089	1001	1010	0.009

5.4.3　系统模拟仿真

1. 水源区水生态环境与经济耦合系统模拟结果分析

将水资源生产率、产业结构偏水度、污染水质生态足迹、水资源缺口量作为评价水源区水生态环境与经济耦合系统协调性的重要指标。当水源区某产业水资源生产率小于 1 时，表明该产业水资源的利用效率要低于区域平均综合水平，可通过该产业的技术进步降低单位产值的耗水量；当产业结构偏水度接近于 1 时，表明水源区产业结构偏向水资源耗水量大的产业方向，可通过该产业的结构调整降低产业结构偏水度；当污染水质生态足迹越大时，表明水生态环境的压力越大，可通过该区域的环保技术进步降低排入水体污染物的数量，以提升水生态环境的净化能力；当水资源缺口量小于 0 时，表明水源区水资源消耗的速度远大于供给的能力，水资源存在安全问题。为了全面评估 2011～2019 年间的水质生态足迹，本节特别补充了 2010 年的年鉴数据。通过利用 2010～2019 年时间段数据，深入分析了水源区水生态环境与经济耦合系统的水资源生产率以及产业结构偏水度，并以此为基础，对 2011～2019 年时间段的水质生态足迹进行详细计算，以此来判断水源区水生态环境与经济耦合协调系统的协调发展趋势，并通过系统动力学模型仿真寻找影响其协调发展的影响因素。

1）水源区水生态环境与经济耦合系统水资源生产率结果分析

南水北调中线水源区水生态环境与经济耦合系统的各产业水资源生产率计算结果如表 5-5 所示。可以看出农工服三大产业结构与用水结构呈现出明显的不协调特征。在三大产业中，在 2010~2019 年期间，农业水资源生产率始终小于 1，且呈现出递减的趋势，表明该产业水资源的利用率均低于水源区平均综合水平，农业耗水量平均占总耗水量的 71%，却只创造了总产值 15%的产值。未来，水源区可以通过农业的技术进步降低单位农业产值的水资源使用量，将节约的水资源向水资源生产率高的产业转移。从另外两个产业看，工业、服务业的增加值占总产值的 40%、45%，而耗水量只占了 15%、14%，反映水资源生产率较高的产业存在于技术含量高的工业行业和服务行业，且此两个产业的水资源生产率有明显的上升趋势，这可能和水源区加大水资源的循环利用投资相关。同时，从增长幅度看，服务业水资源生产率的增长速度明显高于工业水资源生产率，工业水资源生产率在 10 年内增长了 8%，而服务业水资源生产率增长了近 30%的幅度。这一结果体现了服务业产业增长速度大于工业的发展速度，且用水量少，未来水源区应该重视服务业的发展，既有助于经济子系统产业结构的升级调整，又能带动水源区经济的发展，还能缓解水源区水资源的供需矛盾。

表 5-5　各产业水资源生产率计算结果

时间/年	农业水资源生产率	工业水资源生产率	服务业水资源生产率
2010	0.303	2.647	2.238
2011	0.291	2.680	2.311
2012	0.278	2.711	2.384
2013	0.267	2.738	2.457
2014	0.255	2.764	2.530
2015	0.244	2.787	2.603
2016	0.233	2.807	2.675
2017	0.222	2.825	2.746
2018	0.212	2.839	2.815
2019	0.201	2.852	2.885

2）水源区水生态环境与经济耦合系统产业结构偏水度结果分析

南水北调中线水源区水生态环境与经济耦合系统的产业结构偏水度计算结果如图 5-11 所示。可以看出南水北调中线水源区的产业结构偏水度均小于 1，整体上偏向于耗水率低的产业。但是水源区在 2010~2014 年期间，产业结构偏水度由 0.438 上升到 0.512，产业结构偏水度呈上升趋势，表明在此期间产业结构开始偏向耗水多的产业发展，水源区的发展是以牺牲水资源为代价的。2014~2019 年期间，水源区产业结构偏水度从 0.512

下降为 0.343，并且仍有下降的趋势，这表明水源区及时调整了产业结构和加大了相关产业的投资力度。这一结果反映水源区已意识到粗放型经济发展模式不能实现水源区的协调发展，近年来重视产业结构的调整，服务业、工业中的一些水资源利用率高的产业在总产值中比重不断上升，而农业和工业中水资源利用率低的产业却不断下降，产业结构的变动影响了水源区产业结构偏水度的发展趋势，为水源区水生态环境与经济耦合协调发展提供了调整思路。

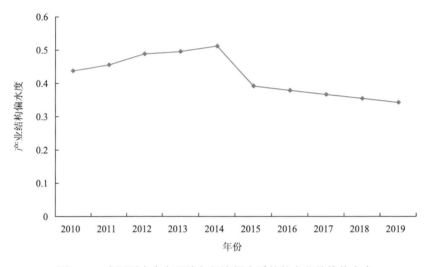

图 5-11　水源区水生态环境与经济耦合系统的产业结构偏水度

3）水源区水生态环境与经济耦合系统水质生态足迹结果分析

本书在研究水源区水生态环境与经济系统的水质生态足迹时，将全面考虑农业、工业、生活的污染物数据。参考河南省统计年鉴水资源环境数据，确定水源区污染物中的 COD、氨氮为主要考察指标。借鉴王刚毅关于污染物平均消纳能力的相关计算方法，确定水生态环境中污染物的平均消纳能力，结果见表 5-6。

表 5-6　各类污染物平均消纳能力　　　　　　　（单位：t/hm^2）

污染物	COD	氨氮
平均消纳能力	0.063018	0.003093

水源区 SD 模型中水质生态足迹的函数表达式根据式（5-7）、式（5-8）和表 5-5 进行构建，分别得出 2011～2019 年的水源区耦合协调系统的 COD 污染水质生态足迹和氨氮污染水质生态足迹，见图 5-12 和图 5-13。从图 5-12 和图 5-13 可以看出，水源区在 2011～2019 年用于消纳氨氮的水资源消耗量较大，消纳氨氮污染物的水资源消耗量在 242t 以上，而消纳 COD 污染物的水资源消耗量不足 200t，故认为 2011～2019 年对水资源污染程度较大的污染物为氨氮。工业废水排放量和生活污水排放量是导致水源区氨氮污染的

主要来源，且农业化肥使用率的增强是导致农业氨氮污染的主要原因。由 SD 模型的模拟结果可以看出，COD 是水源区废水污染物中分布面积最大的污染物，但是 COD 的消纳能力是氨氮消纳能力的 20 倍，对水生态环境的污染程度并不大。通过研究相关文献发现，农业化肥的使用和禽畜的粪便是 COD 污染的主要来源。通过比较图 5-12 和图 5-13，还可以得出一个明显的结论：COD 和氨氮污染水质生态足迹呈现相反的变化趋势。具体而言，COD 污染水质生态足迹呈现出逐年递增趋势，氨氮污染水质生态足迹呈现出逐年递减趋势，相比于氨氮污染水质生态足迹，COD 污染水质生态足迹数值相对较小。因此，在未来水源区管理中，除了继续减少工业污水排放、农业污水排放以及降低化肥使用量之外，还需要特别关注畜牧业粪便的处理问题，以综合改善水源区水质生态状况。

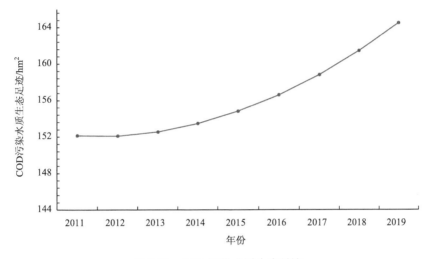

图 5-12　COD 污染水质生态足迹

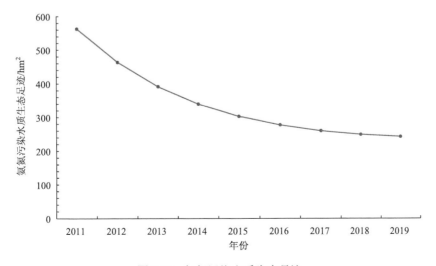

图 5-13　氨氮污染水质生态足迹

2. 水源区水生态环境与经济耦合系统仿真分析

将水资源生产率、产业结构偏水度、COD 污染水质生态足迹、氨氮污染水质生态足迹作为水源区水生态环境的重要评价指标。同时考虑到水资源的缺口量也关系到耦合协调系统的协调稳定性问题，将水资源的缺口量作为水源区的重要反馈指标。当水资源缺口量小于 0 时，依赖于水资源的水源区各行业及居民生活将会出现严重危机；当水资源缺口量大于 0 时，水源区耦合协调系统暂时安全，但必须时刻关注水资源缺口量的变化趋势和规律。本节基于河南省、湖北省、陕西省统计年鉴及水资源公报的数据，以 2011 年为基准年，对 2011～2041 年的水资源生产率、产业结构偏水度、COD 污染水质生态足迹、氨氮污染水质生态足迹和水资源的缺口量进行预测。水源区水生态环境与经济耦合系统预测分析是将所有参数保持不变，然后对现有环境进行模拟，并对结果展开分析，具体 SD 模型的模拟结果如图 5-14 所示。根据 SD 模拟结果可知：①水源区生态环境压力逐渐增大，环境污染不断显现，COD 污染物、氨氮污染物的排放量不断增加，水资源的消耗量呈指数增长趋势。COD 污染水质生态足迹从 2020 年的 167.956 hm^2 增加到 2041 年的 389.297 hm^2；水源区在 2011～2020 年间的氨氮污染水质生态足迹由 562.183 hm^2 下降到 239.726 hm^2，但 2021 年以后，氨氮污染水质生态足迹从 239.726 hm^2 增加到 2041 年的 440.399hm^2，增长幅度达到了 84%；②为响应国家人与生态和谐发展的理念，水源区产业、企业、群众开始重视对资源的保护和循环利用，经模拟可知，2041 年的产业结构偏水度为 0.123，与基准年相比产业结构偏水度减少了 72%，反映水源区产业结构逐渐偏向水资源消耗量小的产业；③资源消耗过快，资源渐趋耗竭，水资源的耗用速率远超水资源供给速率，水资源的缺口量（存量）从 2020 年的 255.7 亿 m^3 减少到 2041 年的 39.43 亿 m^3，减少了 84%，水资源供给量与需求量之间的差距在不断缩小；④从水资源生产率的角度看，农业水资源生产率在未来有下降趋势，水资源利用率极低，且农业水资源生产率一直在 1 以下，这可能与水源区不重视农业产业技术相关；在 2011～2025 年间，工业水资源生产率有缓慢上升趋势，增长了 8%，水源区耦合系统呈现良性循环态势，但在 2026～2041 年间的工业水资源生产率由 2.85 下降为 2.46，这说明水源区工业的发展可能无法满足水生态环境与经济协调发展的要求，水资源供需关系将处于不平

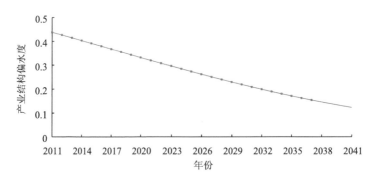

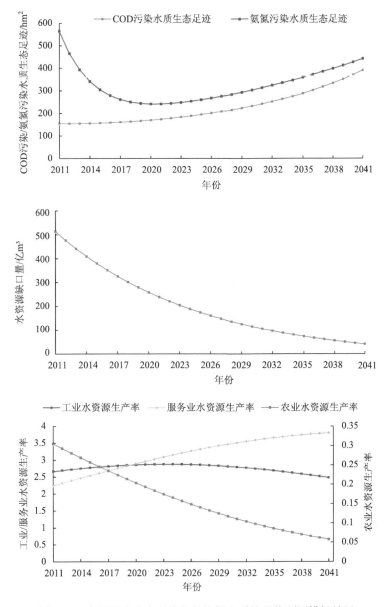

图 5-14　水源区水生态环境与经济耦合系统现状预测模拟结果

衡状态；根据预测，截至 2041 年，服务业水资源生产率具有上升的趋势，增长率达到 70%，体现服务业增长速度快，但水资源耗水量少的特点。

3. 结论

本节基于水源区水资源生产率、产业结构偏水度、水质生态足迹、水资源缺口量指标，考虑到经济子系统经济水平、水资源耗用量、投资水平 3 个方面和水生态环境子系统环境压力、环境响应、水资源条件、水资源生产水平 4 个方面，提出采用系统动力学方法构建水生态环境与经济耦合协调系统模型。以南水北调中线水源区为例，实证分析了该水源区水生态环境与经济发展的耦合协调性问题。研究表明：

（1）水资源生产率方面，水源区各产业水资源生产率总体呈现出不协调状态，其中农业水资源生产率在水资源生产率中最低，平均水资源生产率在 0.25 上下波动；工业和服务业水资源生产率均大于 1，此两个产业的水资源生产率高于平均综合水平，其中服务业的增加值占总产值的 45%，而耗水量只占 14%，耗水量最少，产值最多。未来水源区产业结构可适当向服务业倾斜，做好工业转型创新、服务业快速发展、农业技术进步是水源区产业协调发展的主要方向。

（2）产业结构偏水度方面，水源区产业结构偏水度总体呈下降趋势，产业结构逐渐偏向消耗水量小的产业方向发展。在 2011～2041 年期间，产业结构偏水度下降幅度达到了 72%，产业结构得到了有效的调整，水生态环境与经济耦合系统的协调性也得到了改善，但仍未达到充分协调的最佳阶段。增强节约意识、强调环保意识、合理调整产业结构是未来水源区产业协调发展的核心主题。

（3）水质生态足迹方面，到 2041 年，氨氮污染水质生态足迹的增长幅度达到惊人的 84%，成为导致水质生态足迹显著增大的主导因素。因此，在未来的水源区管理中，必须采取更加全面的措施，不仅要继续减少工业污水和农业污水的排放，降低化肥的使用量，还要特别重视畜牧业粪便的处理问题。通过这些综合措施的实施，才能有效地改善水源区的水质生态状况，保障水资源的可持续利用。

第6章 基于水生态功能单元的南水北调中线工程水源区协调治理机制构建

6.1 南水北调中线工程水源区生态协调治理的必要性和可行性

南水北调中线工程作为国家的战略性工程，涉及多个省份大量人口的用水问题，但囿于资源所有权和行政管理权的分离，生态治理实践中仍然存在着碎片化、分割化的治理现象，这种治理模式背离了水资源的自然绵延性。人类命运共同体思想认为，山水林田湖为一个生命共同体，不能完全被社会行政归属性所限制，应该纳入到统一治理的框架之中，必须从跨流域生态治理的角度，用整体性思维和联系的观点来探求水源地生态协调治理。

6.1.1 必要性

山水林田湖海等自然资源是人类生存和发展的基础，是自然系统的组成部分。从自然属性上看，水资源遵循的自然之道是滴水汇溪，百川入海和江水东流，它是与地理环境紧密相关的运行之理；从社会属性上看，水资源的空间分布决定了"属地管辖"的行政划分原则，该原则造成了"属地分割"的水资源治理与保护状况，这种治理模式满足了水资源的社会属性，却忽略了水资源的自然属性，造成了"各地治各水"的不和谐局面。

南水北调中线工程的跨历史时期、跨区域性和跨行政主体性特点决定了南水北调中线水源地生态治理的复杂性。政府是南水北调中线水源区生态治理的第一责任人，其治理对象是水源地生态环境，是一种公共物品。和一般公共物品不同，水源地生态环境具有社会资源属性。水资源生态环境治理对现代政府管理职能是一个挑战，政府的管理职能强调管理过程，水资源跨区域和跨行政的特性决定了水源地的生态环境治理应当注重促进各治理主体之间的平等协商，并采取协同的行动。因此，水源地生态治理是政府职能的创新，体现一种文明生态的价值观和世界观。就治理实践看来，南水北调中线水源区治理取得了较好的成效。

6.1.2 可行性

习近平总书记的"两山论"意义深远，其高度的思想认识不仅强调了人与自然关系的生态原则，更刻画了二者关系的生态红线。生态原则和生态红线让愈来愈多的人意识到水生态协调治理的必要和重要、意识到治理和保护水生态就是在捍卫和保护自己，使他们愿意把美好生活与健康水生态紧密关联，愿意履行治理保护水生态的道德义务。

另外，2014 年以来，中共中央和国务院相继颁布并实施了《南水北调工程供用水管理条例》和《丹江口库区及上游水污染防治和水土保持"十三五"规划》等法令条例。这些制度织就坚实的水资源安全网，保障了南水北调中线工程水源区协调治理的可行性。

综上所述，南水北调中线水源区生态协调治理是历史的使然和应然选择，只有这样，才能实现南水北调工程的战略使命，不辜负中国人民对人类命运共同体思想的期待和追求。

6.2　南水北调中线工程水源区水生态功能单元划分

汉江和丹江口水源地是国家一级水资源保护区，因水源区生态系统结构复杂，流域面积广，故有极高的管理及保护要求。为加强水源地水环境的保护，完善水资源管理模式，在考虑水生态系统区域差异的基础上，本书以水源区空间特征和尺度效应分析为手段，以水源区生物区系和群落结构异同研究为典型特征，对南水北调中线水源区展开水生态功能分区研究。

6.2.1　划分原则

水生态功能单元划分要基于水源地水生态系统空间特征及水源地区域差异，体现整体和局部协调、重点和一般区分的思路，强调系统管理理念。分区原则是水生态功能单元划分的依据，遵循以下共性原则。

（1）发生统一性原则。发生统一性是指自然地理综合体的最根本特点的产生和发展历史必须具有共同性。区域的地理位置、自然属性和人文特点是区域发展的首要依据。在不同的地域差异性因素作用下，任何区域单位都是相应的历史发展产物，相同或相似的发展基础决定了相同或相似的发展产物。因此，水源地的历史发展过程具有共同性，即其具有发生统一特征。相对于不同等级或相同等级的不同区域，其发生统一性特点和程度也不同。

（2）尺度和等级原则。水源地生态系统结构复杂，表现出多维多变的离散特征，而这种离散性决定了水源地生态系统结构的层级性，反映了水源地生物和非生物所具有的特定时空尺度。因此，水源区水生态功能分区研究有必要反映系统结构的尺度等级，明确技术框架所针对的各个分区等级和尺度。因为不同等级对应不同的空间尺度，不同尺度规定不同的管理范围。

（3）共轭性原则。水源区水生态功能分区研究中，划分出的每个水生态功能单元都具有空间上的完整性，就不同的水生态功能单元而言，除了具有空间上的独立性和不可重复性之外，还具有内部不可分离性。共轭性原则有两层含义，一是指水生态功能单元的空间连续性，二是指水生态单元间的不可重复性。共轭性原则认为水生态系统具有空间上的共生和差异关系，而这种关系是划分水生态功能单元的重要依据。

（4）主导原则和综合原则。主导原则是指在进行水生态功能单元划分时，首先识别影响水生态系统的主要因素，进而依据主要因素划定边界范围。当难以确定系统的主导因素，或根据系统主导因素划定的边界范围不适宜时，需要考虑单元划分的综合原则，即综合考虑其他要素的空间分布特征，或者参考其他分区管理方法进行调整或区分。通常，主导原则可用于快速确定单元边界的粗略划分，而综合原则强调单元划分最终结果为自然区划，二者常结合使用。

6.2.2　指标体系

水生态功能分区可认为是参考相关的水生态因素，对水生态系统进行有序分割的一个过程。系统分割通常有自上而下和自下而上两种模式，本书结合两种方式进行水生态功能两级分区，分割过程的有序性通过不同尺度的等级嵌套来实现。一级分区对应大尺度的单元划分，参考典型的自然因子如水文、气候特征、高程、地质地貌等分解系统，体现流域范围内不同区域间的生态差异，其目的是方便流域层面的宏观管理；二级分区对应中等尺度的单元划分，参考植被类型和土地利用等体现人文作用的生态指标，表现人与自然对区域生态的协同影响。

1. 一级分区指标体系

一级分区参考的典型生态功能分区因子主要有 3 个：径流深、高程和干燥度。其中，径流深能够较好地表达流域景观结构和气象因素的变化，反映区域地表水资源的生产力；高程是一个距离概念，它对水源区的生态环境有重要影响；干燥度是综合表达降水量与蒸发量的自然因子，它可以反映流域湿润状况，对流域生态系统的绿植分布影响显著。

2. 二级分区指标体系

二级分区参考的生态功能分区因子主要包括植被类型、土地利用类型、坡度及人均GDP 等指标。其中，植被类型能够较好地反映区域植被情况，土地利用类型能够较好地反映区域土地利用情况，二者能较全面反映人类足迹对区域经济分布和生态结构的影响；坡度是一个几何概念，它在一定程度上反映人类活动对区域地理状况的影响；人均 GDP 是经济学概念，它反映了经济发展对水源区水质的影响。

6.2.3　划分方法

丹江口水源区面积广大，因此其水生态功能单元划分综合了"自上而下"与"自下而上"的划分方法。其中，一级水生态功能单元划分采用"自上而下"方法，该方法主要用于大尺度划分，其特点是通过审视宏观空间格局，识别刻画空间异质性特征的分区指标，进而从上到下逐级划分，重在把握区域宏观格局；"自下而上"方法是通过分析区域自然特征的细小差异，在保持区域空间异质性及主体特征不变的前提下，将细碎斑块逐步聚类的划分方法，重在保证最小生态分区的完整性。

1. 一级水生态功能单元划分

以丹江口水源区的高程、干燥度及径流深为分区指标，然后以高程为主导因子，借助空间分析及制图技术，依据地理、气候、水文的空间格局将丹江口水源区划分为 6 个水生态功能一级单元，其命名方案为：区域位置+地形特征+气候特征，各功能单元的序号、名称及主要相关指标见表 6-1。

表 6-1　一级水生态功能单元划分

序号	名称	地形	坡度/°	径流均深/mm	海拔/m	平均干燥度	NDVI
Ⅰ	大巴山北麓湿润单元	中高山区	24.76	610	1377	0.93	0.7～1
Ⅱ	丹江口库区亚湿润单元	平原丘陵区	10.93	307	328	1.08	0.2～1
Ⅲ	十堰—安康亚湿润单元	低山区	19.66	454	714	1.08	0.5～1
Ⅳ	汉中平原湿润单元	平原丘陵区	14.43	652	803	0.87	0.3～1
Ⅴ	丹江上游亚湿润单元	低山区	17.93	469	920	1.16	0.6～1
Ⅵ	秦岭南麓亚湿润单元	中高山区	23.06	412	1369	1.22	0.7～1

2. 二级水生态功能单元划分

在一级单元划分的基础上，依据土地利用类型、土壤类型、坡度、人均地区生产总值的空间格局，丹江口水源区可进一步分为 19 个水生态功能二级单元，其命名方案为：区域位置+生态类型+亚单元，各功能单元的序号、名称及主要相关指标见表 6-2。

表 6-2　二级水生态功能单元划分

序号：名称	土壤类型	坡度/°	土地利用类型	占单元比例/%	人均国内生产总值/万元
Ⅰ-1：堵河上游森林山地亚单元	淋溶土	25.14	森林	91.64	2.0
Ⅰ-2：双河—任河森林山地亚单元	淋溶土	24.87	森林	79.53	1.7
Ⅰ-3：泾洋河—褚河森林山地亚单元	淋溶土	23.05	森林	81.85	1.8
Ⅱ-1：老灌河下游丘陵平原亚单元	淋溶土	7.46	森林	44.93	2.2
Ⅱ-2：丹江口库区丘陵平原亚单元	淋溶土	9.93	森林	33.45	2.3
Ⅱ-3：十堰丘陵森林农业亚单元	淋溶土	14.88	森林	69.05	3.8
Ⅲ-1：堵河下游森林山地亚单元	淋溶土	21.03	森林	86.33	3.6
Ⅲ-2：堵河中游丘陵山地亚单元	雏形土	17.80	森林	66.14	1.7
Ⅲ-3：闾河—夹河农业山地亚单元	淋溶土	21.17	森林	70.79	1.9
Ⅲ-4：安康农业丘陵山地亚单元	淋溶土	17.83	森林	52.01	1.9

续表

序号：名称	土壤类型	坡度/°	土地利用类型	占单元比例/%	人均国内生产总值/万元
IV-1：石泉—汉阴农业丘陵亚单元	淋溶土	18.98	森林	68.68	2.1
IV-2：汉中平原城市农业亚单元	淋溶土	11.50	森林	50.09	2.2
IV-3：汉江源头丘陵农业亚单元	淋溶土	18.65	森林	72.85	2.1
V-1：老灌河上游森林山地亚单元	雏形土	17.83	森林	86.69	3.2
V-2：丹江中游森林草地山地亚单元	淋溶土	18.64	森林	83.23	1.8
V-3：丹江上游丘陵山地亚单元	雏形土	16.86	森林	71.91	1.8
VI-1：夹河上游森林山地亚单元	雏形土	22.84	森林	75.01	2.3
VI-2：旬河上游森林山地亚单元	淋溶土	23.41	森林	90.40	2.2
VI-3：襄河上游森林山地亚单元	淋溶土	22.84	森林	92.28	3.5

6.3　南水北调中线工程水源区水生态功能单元生态安全值计算

在社会经济发展过程中，水资源短缺的瓶颈效应愈来愈凸显。为保证水生态系统的良性循环，控制水资源的开发利用不超过其承载能力，确定水源地水生态功能单元的生态安全值是核心和关键。

6.3.1　计算模型

水生态安全值是指一个国家、地区或区域在某一发展阶段，以可持续发展为前提，其水资源能为当地居民和各种生物的生存和发展所提供的服务和保障支撑数值上限，其计算必须综合考虑生态环境和社会生产。一个地区或区域的水资源总量为地表与地下水资源的总和（减去重复计算）。相关研究表明，地区或区域经济的可持续发展和生态环境安全与其水资源开发利用率密切相关，当开发利用率低于当地水资源总量的 40% 时，其经济社会发展和生态环境是安全的，因此，研究期内一定区域的水资源安全值计算模型为

$$ES_w = N \times es_w = 0.4 \times \psi_w \times r_w \times (Q_w / P_w) \qquad (6\text{-}1)$$

式中，ES_w 为水资源生态安全值（hm^2）；N 为研究期内区域总人口数；es_w 为区域人均水资源安全值（hm^2）；ψ_w 为区域水资源产量因子（无量纲值）；r_w 为水资源的全球均衡因子；Q_w 为水资源总量（m^3）；P_w 为全球水资源的平均生产能力（m^3/hm^2）。

参考有关研究成果，研究取全球水资源的平均生产能力（P_w）为 3140 m^3/hm^2，水资源全球均衡因子（r_w）采用世界自然基金会生命力报告 2002 年核算值 5.19。同时，引入产量因子参数，使同类生物生产性土地的生产力在不同地区之间具有可比性，其计算公式如下

$$\psi_{w} = r_{gw}/r_{g} \qquad\qquad (6\text{-}2)$$

式中，r_g 为全球多年来平均单位面积的产水量；r_{gw} 为一个区域多年来平均产水模数水量。

6.3.2　实证分析

1. 主要参数确定和生态安全值计算

以南水北调中线工程渠首南阳市为例，通过计算水生态安全值，分析评价 2006～2013 年南阳市水资源利用基本情况和水资源可持续利用状况。

参照相关研究成果，根据《南阳市水资源公报》（2006～2013 年）和南阳市近年来水资源实际情况，求得 8 年来平均产水模数为 $25.72 \times 10^{4} \mathrm{m}^3/\mathrm{km}^2$，将数据代入式（6-2），可算得南阳市水资源产量因子为 0.819。根据式（6-1）可得水资源生态安全值，结果如表 6-3 及图 6-1 所示。

表 6-3　2006～2013 年南阳市人均水资源生态安全值　　　　（单位：hm^2）

年份	人均地表水资源生态安全值	人均地下水资源生态安全值	人均净水资源生态安全值
2006	0.613	0.273	0.355
2007	0.893	0.298	0.477
2008	0.631	0.278	0.363
2009	0.744	0.33	0.43
2010	1.768	0.413	0.872
2011	0.762	0.334	0.438
2012	0.596	0.287	0.353
2013	0.249	0.185	0.173

2. 结果分析

由表 6-3 及图 6-1 看出，2006～2013 年间，南阳市人均地下水资源生态安全值较低，年均所占比例在 30%以下，即 2006～2013 年间，人均水资源生态安全值的主体为地表水资源生态安全值。2010 年后，南阳市的取水来源首要为地下水，其原因有两个：一是很多地表径流水质不合格，无法直接使用，反映南阳市地表水污染防治存在问题；二是地表水取水及输水设施薄弱，导致水浪费较多，因而用水单位更青睐地下水。

南阳市水资源公报显示，在降水量较多的年份，如 2007 年和 2010 年，和人均水资源生态安全值相比，人均地表水资源生态安全值增幅较大。在降水量较少的年份，如 2013 年，二者都急剧下降。这大概率说明，降水量对人均水资源生态安全值，尤其是地表水资源生态安全值影响较大。综合上文分析，建议实施内河治理工程，大力推进清洁小流域建设，提高地表水污染防治能力，还南阳市安全可行的地表水质。

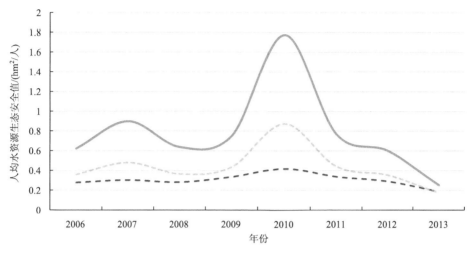

图 6-1　2006～2013 年南阳市人均水资源生态安全值

6.4　南水北调中线工程水源区生态协调治理体系构建

南水北调中线水源区生态的保护和治理是生态文明建设的重要内容，也是人类生存发展的迫切需求。然而，多元利益博弈阻碍了人们理性认知的现实化，使得水源区生态的保护和治理难以协调同步，从而削弱了现阶段的生态保护和治理效果。因此，从利益博弈视角出发，探求南水北调水源区生态保护和治理的协同体系，具有重大的理论价值和现实意义。

6.4.1　生态治理主体间的利益博弈

南水北调中线水源区生态协调治理涉及多元利益主体，必须有效地调节平衡不同治理主体间的利益冲突，否则，利益博弈可能在各属地政府和多元参与主体之间展开，并最终导致水源地生态协调治理的失败。

1. 纵向政府间的利益博弈

纵向政府间的利益博弈主要发生在中央政府和地方政府之间，二者之间的利益博弈描述见本书第 3.5 节。

2. 地方政府之间的利益博弈

地方政府作为一定行政区域的管理者，其工作的重中之重是推动区域经济发展。鉴于地区生产总值对考量政府政绩的重要性，水源地生态协调治理过程中地方保护思想十分严重，地方政府间充满利益博弈。作为一种公共产品和社会资源，水源地良好的生态环境是普惠公平的民众福祉，因此生态环境的治理应强调政府协调，而不是各自为政。但由于利益的区域性，地方政府对水源地生态治理的重视程度和财政投入也有差异，甚至为追求短期的经济效益，部分地方政府可能庇护偏袒辖区内企业的违法排污行为，从而形成不协调治理水源地生态却共同承担水源地破坏后果的可悲局面。这种水源地生态环境的"伪治理"现象必然会加剧地方政府间的矛盾冲突，与水源地生态环境的治理要求背道而驰。另外，水源地生态治理过程必然伴随着经济利益和政绩攀比，为增加攀比筹码，政府通常会主动加大水资源的开发利用，并把产生的不良影响转移给中央或其他行政区域，这更加恶化了地方政府间的不良竞争。显然，地方政府间的不合作或不良竞争来自于地方政府利益考量的局限性，与水源地生态协调治理的系统要求相违背。

3. 政企之间的利益博弈

政府与企业的利益博弈描述见本书第 3.5 节。

4. 政府与公众之间的利益博弈

政府与公众之间的利益博弈描述见本书第 3.5 节。

6.4.2 生态治理过程中的产业博弈

产业结构是社会经济体系的主要组成部分，通常表示三大产业在国民经济结构的占比。第一产业主要包括农业、林业、牧业和渔业；第二产业主要由工业和建筑业等构成；第三产业涵盖房地产、交通运输、旅游和金融保险业等产业。南水北调水源区经济体系以农业为主体，工业化程度低，第三产业发展更不尽如人意。据统计，整个水源区仅 15% 的县市人均地区生产总值高于全国平均水平。

在南水北调水源区生态治理过程中，既要保证"清水北供到京"，又要保证当地产业发展和生态环境发展，这无疑会触发水源地产业结构的调整和发展，改变各产业在整个国民经济中的比重，加剧产业间的利益博弈，各产业为达成在国民经济中的最佳占比，产业 A、B 间会形成表 6-4 所示的利益博弈。表中，ci、di（i=1、2、3、4）分别表示产业 A、B 在不同的策略组合中获得的博弈收益。

表6-4 产业竞争博弈模型

		产业 A	
		扩大规模	不扩大规模
产业 B	扩大规模	c_1、d_1	c_2、d_2
	不扩大规模	c_3、d_3	c_4、d_4

在产业 A、B 竞争的博弈中，达成何种博弈均衡的关键取决于产业对水资源竞争的激烈程度。如果竞争很激烈，在产业 A 扩大规模的情况下，产业 B 扩大规模的报酬低于减小规模策略时的水平（$c_1 < c_3$），两个产业竞争的博弈结果是存在两个纳什均衡，即"产业 A 扩大规模，产业 B 不扩大规模"和"产业 A 不扩大规模，产业 B 扩大规模"。

如果产业对水资源竞争不太激烈，产业 A、B 扩大规模获得的报酬都高于不扩大规模时的报酬水平（$c_1 > c_4$，$d_1 > d_4$），各产业都会选择自己的最优策略，即无论其他产业是否扩大规模，本产业都会扩大规模，博弈的结果是达到最优策略均衡"产业 A 扩大规模，产业 B 扩大规模"。

为更好地服务水源地生态治理，产业结构的调整和发展应以合理化和生态化为总体目标，以水资源和市场容量为约束，各产业的策略组合应都能够激励相容，并使各产业主动将生态成本内部化，实现废弃物资源化和循环再利用。循此理念，各产业发展常有以下选择路径。

第一产业是南水北调水源区的主要产业和保障产业，农业产值占区域 GDP 总值的 30% 以上，在南水北调中线工程调水工作启动后，水源区第一产业的供水量有所提高。在产业结构生态化过程中，第一产业可以作以下选择：第一，调整种植结构，发展农村副业和农产品加工业；第二，提高用水价格，促进节水高效农业的快速发展；第三，改变农业种植结构，改善农业用水状况。

南水北调水源区的工业化程度较低，第二产业以冶金、化工、建材等高耗能、高污染的工业为主，生产过程对水生态环境产生很大的破坏。在产业结构生态化过程中，第二产业可以选择以下路径：第一，发展高加工度的制造业和高新技术产业，从而使水源区的工业格局向高科技、高效益、低消耗和低污染的新型工业格局转变；第二，依靠科技，促进高耗水企业采用节水技术，更新设备，加大循环用水规模，使其向节水型工业转变。

国家统计局表明，2018 年第三产业占比已达 56.5%，对经济支撑作用日益突出。因此，南水北调中线工程水源区可以充分利用自身优势，发展第三产业中的生态旅游业、物流、环境、公用事业等耗水少、经济社会效益高的行业，促进产业结构生态化调整的顺利发展。

第7章　南水北调中线工程水源区生态环境保护的动态调控机制

保护生态环境是推动人类社会可持续发展的关键举措。目前，生态环境保护的重要性已经引起了国内外的高度关注。回溯历史，1972 年的联合国人类环境会议和 1973 年的首次全国环境保护会议，均将焦点对准了如何维护和改善人类环境，以造福当代及子孙后代，并倡导以协调创新的方式应对生态环境挑战。而 2008 年的世界经济与环境大会则进一步探讨了在全球经济转型和可持续发展的背景下，如何有效应对生态环境危机，并探索了生态环境与经济融合发展的新路径以及国际合作的新模式。

各国专家学者非常重视生态环境保护问题。在以往的研究过程中，主要强调生态环境保护意识，基于定性分析方法对生态环境保护的调控机制开展了积极的研究，并得到一系列的研究成果。吴次芳等（2005）提出了生态危机的概念，并认为为了实现生态环境的保护必须全面了解危机的类型和充分认识危机产生的根源，从长远看，生态环境的保护必须遵循预防为主、防治结合的宏观原则。陈晓红等（2009）认为生态环境保护与城市化进程息息相关，城市化进程的加快对生态环境保护提出了更大的挑战和更严格的要求，必须强调城市化和生态环境保护的协调发展。柯坚（2014）认为生态环境保护与国家的立法理念、区域机制和制度的创新紧密相关，国家立法机构应修订相关环境保护法案，建立区域生态环境保护机制，创建环境保护制度，从根本上保障生态环境保护调控机制的运行。但以上研究都仅从定性分析角度探讨多种调控机制共同作用下的生态环境保护发展方向，未能从系统角度去定量地对生态环境保护与社会经济发展的关系、相互影响机理及调控机制等进行深入研究。因此，在前文的研究分析基础上，本章以生态环境危机为出发点，以循环经济为发展模式，提出生态产业耦合系统、水生态环境与经济耦合系统的动态调控策略，并运用系统动力学模型仿真模拟各耦合系统的调控策略，为生态环境保护工作的有效推进提供针对性的对策和意见。

7.1　生态环境问题与危机

调控的目的是根据预先设定的标准实时分析系统的运行状况，使之根据设定的标准按照规定的要求进行，以防出现重大的运行偏差。然而，系统运行不仅靠自身内部的资源参与外部活动，还要把系统外部各方纳入其中，才能有效地安排系统的运行活动，满足系统运用内外一切资源快速高效地进行运行活动，以期进一步提高运行效率和资源利用效率。因此，在系统运行过程中，一定会出现预期外的偏差，且会引发影响系统协调发展的重大危机。本节旨在描述系统危机的特征，分析系统危机存在的类型，探讨生态环境危机调控的工作内容及应注意的调控问题。

7.1.1　水源区生态环境危机特征

随着系统运行时间的不断延伸和运行活动不断复杂，突如其来的环境危机给系统的协调运行造成了极其严重的影响。生态环境危机管理因此引起国内外学者的广泛关注，在这些研究中，国内外学者对环境的危机给予了不同的解释。在国内，环境危机一词最早出现在 1975 年，由北京师范大学地理系环境保护科研组给它下了定义：环境危机是在生态系统的自身运行中或在外部环境的影响下对生态平衡的破坏，引起系统的一系列变化；学者陈泉生（2000）根据环境危机引发的不合理的活动，对其总结出全球化、综合化、极限化等特征。在国外，联合国环境规划署指出环境危机是各国各地环境问题的延伸和发展，是国际环境问题，也是地球环境问题，同时也是超越国界和管辖的全球性生态平衡破坏的问题。这些定义从不同角度描述了环境危机的特征，但没有从系统运行的角度把握环境危机的基本特征。

本书综合学者们的研究成果，为环境危机作如下定义：环境危机是指在系统运行过程中，由于内部和外部的不确定事件导致的问题，这些问题可能严重威胁到系统的协调发展和产业子系统的正常运行，甚至可能导致产业子系统陷入停滞状态。从上述定义中可以发现环境危机的主要特征有：①环境危机的实质是系统运行过程中出现的严重偏差。所谓偏差是指系统运行过程中预设目标与现状模拟之间的一种差距。本节要讨论的环境危机调控就是要衡量这种差距的大小程度，以此判断环境危机的严重性大小。导致偏差的原因是多样的，偏差的类型也是多重的。危机式的偏差是指系统在某情景下的运行活动严重偏离了预设的标准。②具有危机性质的严重偏差不仅影响系统的可持续协调发展，而且会影响系统目前的运行发展。系统运行活动与预设标准的各种偏差都会对系统的可持续协调发展产生不同程度的影响，但危机式的偏差可能使得系统难以维持现有的运行活动。③引发环境危机的根源是系统外部或内部的偶然性事件。危机式的严重偏差可能来源于系统外部各环境的突然变化，也可能来自系统内部某环节突发偶然事件。从系统外部环境来看，突然的变化可能是政治环境的变化、自然环境的变化，也可能是微观环境的变化；从系统内部环境来看，可能是某环节的管理不到位导致信息未及时流通，也可能是政府调控过度导致不同产业结构间的不平衡。具有上述环境危机基本特征的偶然事件对系统运行活动造成的影响都可能引发来自系统内部或外部的不同情景危机爆发。

7.1.2　水源区生态环境问题与危机

南水北调工程是为解决中国南北水资源分布不均问题而提出的重大战略决策，同时也是国家战略性基础设施，其中线水源区涵盖了丹江口库区及上游地区，水资源年平均径流量为 387.8 亿 m^3。然而，由于人为改变了区域间水资源的自然分布情景，且随着水源区经济的发展和城镇化进程的加快，水源区的生态环境将发生一系列的变化，这些将给水源区耦合系统的协调发展带来一定的影响。

1. 固体废弃物存储量变化

水源区固体废弃物主要是一般工业固体废弃物、危险废弃物、建筑废弃物、生活固体废弃物、农业固体废弃物等，主要来自工业生产、建筑业房地产活动、居民日常生活活动、城市日常生活活动和其他服务业生产活动。水源区的固体废弃物与其他区域固体废弃物相比，并无显著性区别，废弃物中不可燃性废弃物多于可燃性废弃物、不可降解性废弃物多于可降解性废弃物，具有污染性、空间性、扩散性、潜在性、长期性、灾难性等特征。因此，固体废弃物的存储不仅侵占大片水源区土地资源，污染水源区水资源，危害水资源安全，而且容易淤塞水源区流域的大小支流河道，严重恶化生态环境。随着水源区丹江口库区移民搬迁，水源区城镇化进程速度加快，水源区的城郊固体废弃物堆积现象严重。尤其是固体废弃物中含有危险性、放射性等污染物，对生态环境保护极为不利。

2. 大气污染严重

水源区大气污染主要是二氧化硫（SO_2）排放、氮氧化物排放、烟（粉）尘排放，大气污染物的排放集中来源于工业生产、城镇生活活动、机动车和集中式治理设施。其中工业废气的排放是大气污染的主要源头，工业产业在活动过程中排放的废气中含有大量的 SO_2、氮氧化物、烟（粉）尘等污染物，其中在 2020 年工业 SO_2 排放量占总 SO_2 排放量的 80%，工业氮氧化物排放量占总氮氧化物排放量的 55%，工业烟（粉）尘排放量占总烟（粉）尘排放的 61%。其次，水源区氮氧化物排放量以机动车排放最多，截至 2020 年机动车氮氧化物排放量占总氮氧化物排放量的 42%，接近于工业产业的排放量。因此，随着水源区城镇化率的提高，城镇居民人口的增多，交通运输方面带来的大气污染应同时引起各个部门的重视。大气污染对生态环境和人类的危害是多方面的，也是极其严重的。其中对人类的危害主要表现为引发呼吸道疾病、生理机能障碍，以及刺激眼、鼻等处黏膜组织；对植物的危害主要表现为影响植物的生理机能，使植物叶枯萎、脱落、褪绿，造成作物产量下降；对环境的危害主要表现为：①下酸雨，腐蚀污染建筑物、交通、道路等，危害农业生态系统、水生态系统；②增高区域温度，产生"热岛效应"，导致气候异常。

3. 水资源污染严重

据第 5 章水生态环境与经济耦合协调系统的模拟预测分析，目前水源区在 2011～2019 年间对水污染程度较大的污染物是氨氮污染物。除了氨氮污染物以外，水源区水质污染主要还受 COD 污染物指标影响，污染均呈上升的趋势，但消纳氨氮污染物的水资源平均消耗量一直在 242t 以上，消纳 COD 污染物的水资源平均消耗量低于 200t，水源区在大气污染、固体废弃物堆积的情况下也面临着水污染严重的问题，这将加大水源区生态环境保护的难度。水源区水资源污染一方面通过调水区和受水区居民直接饮用，经人体消化吸收，直接影响人体的身心健康；另一方面通过农田灌溉、畜牧喂养等方式污染各农产品，间接影响人体健康。这些水资源的污染物对人体健康的危害主要表现为引发慢性、急性和持续性的累积中毒，如调查结果显示进入人体的农药化肥的残留物在 20～30 年后才表现出中毒症状。水资源污染物也对水源区生态环境造成破坏，还增加了水源区各部门的废水处理压力。若水源区的污水处理和中水回用水处理能力未得到提升，那么污水排放量和其中的污染物含量将逐年攀升，给水源区的生态环境带来更大的压力。

4. 土地资源变化

基于第 4 章生态产业耦合的系统动力学模拟分析获得水源区 2013～2019 年土地资源利用情况。通过对水源区的土地面积进行统计分析，森林、灌木、草地占中线水源区的 80% 以上，耕地和建筑用地占 15% 左右。近几年由于水源区大力发展服务业，不断占用耕地面积，耕地面积不断缩小，以每年 0.5% 的速度持续下降。从整体来看，水源区以自然植被为主，其中森林、灌木和草地占据了主导地位，面积占比超过 80%。这种布局使得社会产业活动主要集中在较小范围内，从而为自然环境系统提供了必要的缓冲时间和空间，有助于分解和消化污染物。这种合理的土地利用结构不仅有效保护了水源区的生态环境，还显著减少了超过 50% 的水土流失面积。然而，耕地面积的减少也带来了一系列问题。首先，它直接导致了粮食危机，表现为人均粮食占有量的下降。其次，耕地面积的减少也引发了社会问题，如农民失去了重要的生计和收入来源，加剧了贫富差距，增加了社会的不稳定因素。

7.2 动态调控策略设计

调控是为了保障水源区生态环境与社会经济协调适应的管理职能，纠正生态环境现有偏差的行动措施。调控工作的主要内容包括确定调控对象、选择调控的重点、确立标准、衡量效果、制定恰当的调控措施。有效的调控不仅要求明确关键的调控对象，制定合适的指标标准，收集指标的重要信息，而且要求合理地运用宏观和微观的调控措施。

7.2.1 调控的必要性

美国管理学家指出："如果组织是由一个全能领导人指导，且完美无缺地执行组织中的各项活动，那么组织的过程就没有调控的必要了"（周三多等，2018）。然而，这是理想中的组织活动，社会经济活动中不可能出现这种理想状态。无论决策做得如何精准、计划做得如何周密，由于各种原因，社会经济活动在发展过程中总是会出现与预测不一致的情况。调控的必要性见图 7-1 所示。

图 7-1　调控的必要性

1. 环境的变化

如果水源区面对的是一个静态的生态环境，区域的各类废弃物、资源、能源等条件永不发生变化，生态环境巧妙的安排能使每一个环节排出的废弃物成为另一个环节的原材料，又能以消耗能源、资源的速度生产出同类型和数量的能源和资源，那么，水源区区域将可以永久地以高速发展的方式进行社会经济活动，产业可以以相同的技术和方式进行生产作业。事实上，这样的静态环境是不存在的，水源区的环境时刻都在发生变化，目前水源区存在着固体废弃物存量的增加、大气污染严重、水资源污染严重、资源供给与需求量的差距正逐渐减小等生态环境问题。

2. 管理部门多样化

在生态产业耦合系统、水生态环境与经济耦合系统中，耦合发展使不同企业之间通过废弃物的交换、能源资源梯级利用或集中处理的基础设施共享等再组织形成耦合系统，不仅提升耦合系统的能源资源利用效率，而且还减少系统对生态环境的压力。因此，耦合系统具有超大规模企业的性质，各个管理部门不可能直接了解耦合系统每个活动环节的需求和困难。跨部门、跨区域、跨领域的限制要求其首先从技术角度再组织产业系统，其次从社会经济角度规划耦合系统框架，形成复杂的社会经济体系统。为了使各个部门高效地利用资源能源、减少废弃物的直接排放，管理部门必然要分散权力以此面对庞大的管理系统，以确保物质、信息的循环流通。耦合系统框架中每个层次的管理人员都必须定期或非定期地了解该部门的资源循环利用效率和废弃物排放情况，以保证授予的工作权力得到正确的利用，保证利用这些权力的组织的产业活动符合耦合系统各部门的要求。如果没有定期或非定期的了解，没有为此而建立相应的调控措施，管理人员就不能检查本部门的工作情况，致使出现本部门权力滥用，信息传递不及时等情况，从而导致耦合系统中下游产业副产品的供应不确定性等问题，系统也无法及时采取相应的调控行为，这将严重影响组合系统的稳定，进而影响耦合系统的协调发展。

3. 工作能力差异

即使耦合系统制定了全面的调控计划,生态环境在一定时间内也保持相对稳定状态,对产业活动的调控仍然是必要的。这是由耦合系统各部门成员的认知能力和工作能力的差异造成的。全面调控计划的实现要求每个部门的工作严格按计划的要求实行。然而,由于成员是在不同区域、不同部门、不同时间下进行工作的,他们不同的认知能力,将对调控要求的理解产生偏差;即使管理部门能让成员完全正确地掌握调控内涵,但由于工作能力的差异,实际的执行结果也会在量与质方面出现偏差。任何一个环节出现这种由于工作能力、认知能力造成偏差的现象,会对整个耦合系统的活动造成不利影响。因此,加强对成员工作能力的调控也是动态调控的重要内容。

7.2.2　调控的要求

调控的目的是保证系统运行活动符合预设的要求,以高效地实现系统预设的目标。为此,有效的调控需要注意以下原则。

1. 适时的调控

系统运行过程中产生的偏差只有快速有效地采取策略加以纠正,才能很好地避免系统运行偏差的放大,也可以很好地防止偏差对系统运行不利影响的扩张。快速有效地采取策略要求系统成员能够及时把握反映系统运行活动偏差的出现及偏差的严重程度信息。如果已经出现偏差,且对系统造成了不可估量的影响后,系统才察觉反映偏差的反馈信息,即使这种信息是真实的、完整的,也不可能指导系统纠正严重的偏差影响。纠正系统偏差最理想的方法是在偏差产生之前,利用系统仿真方法模拟分析系统,及时掌握系统偏差的反馈信息,从而预先采取必要的调控策略,以防止系统运行活动偏差的产生。由于人的认知能力有限,不可能完全准确预测系统运行过程中的全部活动,导致不可避免部分偏差,这种领悟也可指导系统预先采取调控策略,减少系统运行偏差对系统造成的不利后果。

2. 适度的调控

适度调控是指调控的领域、深度、频度要掌握一定的限度。

1) 防止调控过分或调控不足

调控给被调控对象带来利益的调整,但是如果没有调控策略,就有可能导致系统运行的严重偏差。有效的调控可以防止系统成员间由于利益分配的变化而发生矛盾,也可以满足预防偏差的需要。适度的调控应同时意识到:①调控的过度会威胁到系统某些成员的利益,会给系统成员造成精神压力和紧张感,会使系统成员增加对未来系统状态不确定性和对公平竞争环境的担忧,进而会造成系统成员心理上拒绝调控策略的执行。

②调控的不足也会影响系统运行活动的协调进行，不能确保系统成员信息共享、资源协调，将不能使资源得到充分的利用，造成资源的严重浪费；调控的不足也会导致系统成员局限于自身内部的利益，不能从系统角度考虑整体利益的得失，甚至有些成员会利用系统的利好政策和条件谋求个人利益，最终导致系统的瓦解和涣散。

2）注意全面调控与重点调控的关系

系统不可能对每一个产业、每一个环节的每一个成员运行状态进行全面调控。由于全面调控可能会存在系统中成员压力、担忧等现象，这种全面调控并不值得借鉴。但明确的是，并不是所有环节都具有同时发生偏差的概率，且并不是所有的偏差都会对系统协调运行带来同样的影响。适度的调控要求系统在运行过程中，利用敏感因素分析法和主成分分析法等研究方法，确定影响系统协调运行的关键影响因素，并将此设定为决定变量，进行重点调控。

3. 富有弹性的调控

系统在运行过程中经常会遇到预料之外的变化，这些变化使系统实际运行状态偏离计划安排。有效的调控策略应该在这样的情况下依旧发挥作用，维持系统运行活动，即调控策略应具有弹性。弹性的调控策略与调控的目标有关。调控的目标通常确定了系统某些指标在既定的条件下能够达到的数量或质量。这个数量或质量的标准如果规定得绝对明确，一旦实际运行和预测模拟发生差距，那么调控策略就失去了原有的意义。有效的调控策略应该能够反映并考虑到系统内外部环境的变化，从而使调控策略的某些参数值规定不同的数值，使预测仿真模拟在一定范围内是可以变化的。

7.2.3 调控的过程

调控是根据计划的要求，设立衡量的标准，然后把耦合系统的实际状态与预设的标准相比较，以确定耦合系统在未来发展过程中出现的偏差及其偏差的严重程度。在此基础上，有针对性地设计调控策略，并进行仿真模拟分析，以保证实现未来耦合系统的协调发展。调控工作环节主要包括确定调控对象、选择调控的重点、衡量效果、制定恰当的调控措施。

1. 确定调控对象

耦合系统各子系统变量的水平状态是重点调控对象。调控工作就是要使耦合系统取得计划的成果，因此要分析耦合系统需要得到什么样的计划成果。这种分析需要从产业、环境等多个角度进行考虑。确定了耦合系统需要的计划成果后，要规定其计划成果在协调发展情况下希望达到的水平。要保证耦合系统取得计划的成果，必须在结果出现前进行调控，调整与计划成果不符的产业活动。因此需要分析影响影响耦合系统变量水平状态的各种因素，并将其确定为调控对象。影响耦合系统变量水平状态的主要因素有：

（1）资源投入。耦合系统的计划成果是通过对资源的转换加工得到的。没有各类资源的投入，耦合系统将会无力运转。不仅资源的供给会影响耦合系统社会经济活动的进行，从而影响社会经济活动的最终产成品，而且资源的取得成本会影响耦合系统的运转费用，从而影响系统活动的整体效益程度。因此，必须对资源的投入进行控制，确保资源在数量、质量等方面符合可持续发展的要求。

（2）耦合系统的活动。资源在耦合系统中起到了至关重要的作用，但其不可能自动实现流通，形成另一种形式的产品。耦合系统的最终成果是通过组织机构在不同时空上利用科学技术和设备对资源进行不同层次的加工才形成的。组织机构中成员的工作能力、工作效率是决定耦合系统成果的重要因素，因此，必须对耦合系统成员的活动进行控制，以使其活动符合计划要求。

2. 选择调控的重点

由第 4 章、第 5 章分析可知，生态产业耦合系统、水生态环境与经济耦合协调系统涉及的变量繁多，耦合系统没有必要对所有变量参数进行调控控制，而必须在影响耦合系统最终成果的众多因素中选择敏感因素作为重点控制对象（Leslie and Chluter，2009；Oliveira et al.，2016）。

（1）经济水平。系统运行的直接动因是要取得一定的经济利润，也是衡量耦合系统运行成败的综合指标，通常用生产总值、农业增加值、工业增加值、服务业增加值或各个产业增加值的年增长率来表示。它们反映耦合系统对各个时期内运行应获利的要求。利用各产业年增长率的变化趋势，反映耦合系统运行成本的变动或资源循环利用效率的变化，从而为耦合系统采取调控策略提供思路。

（2）生产效率。资源的生产效率标准可用来衡量不同产业部门的用水效率，通常用各产业增加值占总产值比例与资源利用量占总资源耗用量比例的比值表示。其中，本书主要用水资源的生产效率。

（3）环境效益。耦合系统得以可持续发展的前提是与生态环境和谐发展，注重生态环境效益。而要取得一定的环境效益，耦合系统必须遵循自然生态系统运行的原则，包括减少废弃物的排放、提高资源的循环利用率、减少自然资源的直接使用等方面。环境效益的好坏关系到耦合系统的社会责任和公共责任。耦合系统应时刻关注本系统运行对环境的影响，了解自身实际的运行效益同期望效益的差异，增加自身的技术投入、资金投入，提高耦合系统的环境效益和社会满意度。

（4）目标的平衡。耦合系统现阶段的生产和未来的发展是相互影响、相互作用的。因此，在制定调控策略和活动计划时，应该合理规划近期发展和长期发展的关系，定期检查各个时期的经济效益和环境效益，分析高的经济发展水平是否会引起未来生态环境水平的恶化，以确保经济的快速发展不是以牺牲未来的经济发展和环境恶化为代价的。

3. 衡量效果

耦合系统不协调活动如果能在发生之前被发现，就可以指导系统采用调控的方式以求避免。这种理想的调控方式在一定程度上可以通过构建系统动力学模型来实现。但并非所有不协调活动都能在发生之前被发现，也并非所有部门都有深谋的远见。为此，要求系统各部门及时掌握系统运行过程中反映不协调活动是否产生、并能判定其严重程度的信息。用事先确定的标准进行运行效果检查和过程检查、衡量和对比，就是为了能够掌握这类信息。

4. 制定恰当的调控措施

利用有效的方法、依据预先的标准对系统的协调性进行衡量，可以发现耦合系统活动中出现的不协调。纠正不协调就是在此基础上分析不协调产生的原因，制定并实施必要的调控策略。这个过程使得调控机制得以完整，并将调控与耦合系统运行的其他过程使其相互联结，通过制定恰当的调控措施使得耦合系统活动规划得以遵循。制定调控措施和实施过程中要注意：

（1）调控措施要效益优化。在调控对象上选择调控措施，而且对同一对象的调控也可以采取多种不同的措施。这些调控措施实施条件的可行性与效益的社会性都要优于不改变任何参数变量所造成的经济或环境牺牲。

（2）注意取得人们的理解和支持。任何调控措施都会在不同程度上导致产业结构、产业间关系和活动方向的调整，从而涉及耦合系统某些部门的相关利益。因不同的利益分配，不同部门会对调控措施持有不同态度，特别是当做出重大调整时。同时，从事基本工作的一线人员会对原先的工作活动形成一种习惯和固有的情怀，或者担心某些调整会影响自己的利益，而极力抵制任何调整措施的制定和执行。因此，要充分考虑人们对调控的不同态度，注意取得他们的支持和理解，以避免在调控策略实施过程中出现的人为阻碍。

7.2.4 调控策略设计

耦合系统运行是否协调的有效信息掌握，首先要求设计合理、全面、可行的调控策略。虽然耦合系统的各个部门能够确保整个系统的正常运作，然而，实施合理的调控策略将必然增加耦合系统协调发展的机会（李海燕和陈晓红，2014）。

1. 生态产业耦合动态调控策略设计

1）生态产业耦合系统现状分析

据生态产业耦合系统模拟分析可知，虽然水源区服务业增长速度快，但按照现有的发展模式，服务业的快速增长速度小于其他产业的降低速度，水源区经济总量呈现不断下降趋势；资源子系统方面呈现各资源利用率、循环利用率不高，资源供给和需求量的差额逐渐减少；环境子系统方面，废弃物的减排量有所减少，废弃物处理能力和循环利用能力有所提升，但与总量相比，废弃物的减排能力、处理能力和循环利用能力还有很大的提升空间。由此可以看出，在现有的发展水平，水源区出现水源区生产总值负向增长，资源循环利用率、废弃物减排率减少等现象。

2）策略设计

本章节调控策略的设计主要通过分析水源区生态产业耦合系统 SD 模型，设计小规模的情景方案来计算一个或者多个自变量对因变量（耦合系统协调性相关指标）的影响，以测定各种调整方案取得的实验效果，致力于实现南水北调水源区产业耦合系统协调发展，保障水源区水资源安全使用的同时，实现南水北调水源区产业经济效益最大化。基于此，结合 SD 建模原理，找出 SD 模型中处于回路起点的常量方程（能源投资比例、全社会固定资源投资比例、农业工业服务业投资比例、水利投资比例、废水治理投资比例、环保投资比例、万元工业产值废水排放量、人均生活废水排放量、万元工业产值废气排放量、固体废弃物综合利用率、固体废弃物处置率、万元工业产值固体废弃物产生量），并将其作为调控策略的决策变量，设计情景方案，进行模拟分析。

调控策略一：从上文生态产业耦合系统的模拟结果分析可知，以现有的发展趋势，水源区生态产业耦合系统将出现产业经济趋势持续下降、环境污染日益严重、资源短缺等现象，失去各子系统协调发展的良好趋势。为了进一步提高水源区生态产业耦合系统的产业发展水平，设计了产业发展型的调控策略。此调控策略体现出水源区产业系统提倡经济发展，针对拉动经济增长的工业和服务业，适当提高产业的投资比例，通过产业技术进步促进耦合系统的协调发展。同时，水源区应充分意识到自身在工业发展方面的特殊需求，注重推动产业类型和合作模式的创新与多样化，从而增强生态产业体系的环境适应能力，以应对不断变化的环境挑战。其调控策略为：产业的投入产出机制要求更多的资金投入和人力投入，所以提高全社会固定资产投资比例，并对农业工业服务业投资比例进行相应调整，同时提高能源投资比例，其他的参数保持不变。

调控策略二：围绕"保水质、强民生、促转型"这一主线，社会把水质安全作为评判工程成败的核心指标，工程的水污染、水环境、水生态等问题已备受关注，因此为保护水源区水生态环境，设计环境保护型调控策略。水源区生态产业系统强调资源有限性的特征，增强节约意识和环保意识，实现资源的节约循环利用，减少废弃物排放。环境保护模式是在广泛宣传节约资源、高效利用资源的同时，实行对产业、企业、群众进行分层分级目标管理，达到减少自然资源消耗和降低废弃物排放的目的。其调控策略为：①从宏观层面提高环境保护投资系数；②从产业、企业等微观层面入手，降低工业和人均的废水、废气、固体废弃物排放量，提高产业或企业自身资源的循环利用率，分别下调万元工业废水排放量、人均生活废水排放量、万元工业废气排放量、万元工业固体废弃物产生量；③应从产业本身的发展特性出发，着力推动低能耗、低污染的第三产业的增长，加速第二产业的创新转型步伐，并全力确保第一产业的稳定发展。

调控策略三：围绕水源区"保水质、强民生、促转型"这一主线，以及结合上述调控策略的优劣势，设计综合协调发展型调控策略，综合协调发展型调控策略是将上述 2 种方案进行整合，在产业发展、环境保护的基础上形成的方案。其调控策略为：①适当提高全社会固定资产投资比例及各产业投资系数，以保证耦合系统的产业发展；②重点关注生态环保问题，着力增加环境保护投资，并加大环境污染治理的力度，以推动环境保护工作的深入开展，确保生态环境的持续改善；③逐步提高产业企业的环保意识，降低工业、人均污染物的排放量，提高自身资源的循环利用；④调整产业结构水平，充分发挥第三产业低能耗、低污染的社会效应，快速促进第二产业的转型发展，以实现产业结构优化，从而保证生态产业耦合系统的协调发展。

2. 水生态环境与经济耦合动态调控策略设计

1）水生态环境与经济耦合系统现状分析

据水生态环境与经济耦合系统模拟结果可知，水生态环境压力方面：水源区水生态环境压力逐渐增大，COD 和氨氮污染水质生态足迹不断提升，环境污染问题不断被加重；水生态环境水资源条件方面：水资源的供给速度远低于资源需求速度，水资源的供需缺口量不断缩小；水资源生产水平方面：由于不重视农业产业技术的发展，农业水资源生产率仍在 1 以下，相比于农业水资源生产率，工业和服务业水资源生产率均在 2 以上，表明这两个产业水资源利用率普遍高于平均水资源利用率，服务业水资源生产率呈上升趋势，增长率达到了 70%，而工业水资源生产率表现出先上升后缓慢下降的趋势。由此可以看出，在现有的发展水平，水源区水生态环境与经济耦合系统出现污染水质生态足迹正向增长，水资源供给与需求差距逐渐缩小、工业农业水资源生产率降低等现象。本节根据前文重要指标的分析结果，找出影响水源区水生态环境与经济耦合系统不协调发展的影响因素。

2）策略设计

本章节调控策略的设计借助水源区水生态环境与经济耦合系统 SD 模型，设计小规模的情景方案来研究自变量对因变量（耦合系统协调发展相关指标）的影响，以测定各种调整方案取得的实验效果，实现水源区水生态环境与经济耦合协调发展。基于此，根据前文水资源生产率、产业结构偏水度、水质生态足迹的结果分析，找出影响这三个结果的因素，通过将其作为调控策略的决策变量，设计情景方案，并对系统进行模拟分析。

调控策略一：经济发展型。水源区的地形大部分为山地、丘陵、盆地等，不仅存在水土流失、滑坡、植被破坏、水体污染等一系列生态环境问题，且经济指标、管理指标均未反映出健康持续发展的趋势。目前，经济的发展是水源区致力追求的目标，为了进一步推进水源区的经济发展，设计了经济发展调控策略，其调控策略为：①工业的发展能够提升经济的发展状态，但水源区正处于且将长期处于生态环境保护阶段，工业服务业的发展面临着如何实现高质量的转型发展阶段，故提高工业的投资系数，并且对农业、工业和服务业的产业结构进行相应调整；②经济的发展需要大量的社会投资，故提高社会总固定资产投资，其他参数不进行调整，对水源区未来发展趋势进行模拟。但水源区应意识到，当前和今后一段时期不能单一地追求经济规模和增长速度，要注重量与质的统一，更关注如何转变发展方式、转换增长动力、优化经济结构，以提升经济增长质量，要求实现水源区水生态环境与经济协调发展。

调控策略二：资源环境保护型。为更好地保障水源区水质安全，达到"一江清水抵京津"的宏伟目标，设置资源环境保护型方案。资源环境保护是指为解决现实的或潜在的资源环境问题，协调社会经济活动与水生态环境的关系，保障经济的持续发展而采取的各种策略的总称。资源环境保护要求经济活动在充分合理利用资源的同时，全面认识并了解环境污染的根源与危害，有计划地保护水生态环境，防止水生态环境恶化，控制水生态环境污染，保护人类健康，保持生态平衡，保障水生态环境与经济的持续发展。其调控策略为：①考虑到节约用水和减少污染物的排放是保护资源环境的重要措施，且减少污染物排放的关键是降低各产业的排放系数，故提高环保投资比例，下调工业投资比例；②通过公益宣传、广告投放，增加各单位的节约意识，控制各单位的水资源使用量。

调控策略三：综合协调型。综合协调是将上述两种情景方案进行整合，既考虑了水源区经济的发展又兼顾了水生态环境的保护，它是在考虑产业投资、社会固定资产投资、环保投资、节约用水量的基础上形成的方案，其调控策略为：①提高工业的投资系数，并且对农业、工业和服务业的产业结构进行相应调整；②提高社会总固定资产投资比例；③提高环保投资比例，减少各产业、生活排放系数，下调工业投资比例；④降低万元工业产值耗水量，万元农业产值耗水量、人均生活耗水量，减少对水资源的直接使用。

7.3　调控策略仿真

7.3.1　调控策略仿真模拟概述

调控策略仿真，就是根据耦合系统建立的、具有逻辑关系的仿真模型，在设计不同调控策略的基础上，进行实验或定量分析，以此获取调控策略执行所得到的可能结果。调控策略仿真的过程也是实验的过程，是耦合系统收集信息、处理信息的过程。在调控策略仿真的过程中可以发现耦合系统中隐藏的风险问题，以便及时防范、控制或处理风险。调控策略仿真可以预测、分析耦合系统的不同策略方案，为综合评价不同策略提供有力的数据支撑（徐升华和吴丹，2016；刘承良等，2013；杜梦娇等，2016）。

7.3.2 调控策略仿真

1. 生态产业耦合系统调控策略仿真

1）产业发展型调控

策略参数进行了如下调整：提高全社会固定资产投资比例，由原来的 1.4 提高到 1.6，并对农业、工业、服务业投资比例进行了相应调整，同时将能源投资比例从 0.4 调整到 0.5，其他的参数保持不变。对水源区生态产业耦合系统发展情景进行仿真模拟，结果如图 7-2 所示。

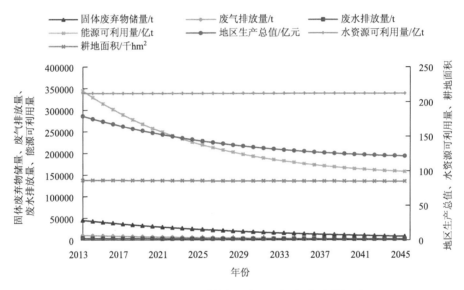

图 7-2 生态产业耦合系统产业发展型调控策略模拟结果

（1）产业子系统方面：南水北调中线工程水源区的生产总值虽仍然呈现出减少的趋势，但整体减少的幅度已经显著小于其现有发展水平的预期趋势。丹江口库区淅川县生产总值在 2045 年达到 1215060 万元，年降幅量以 1%的幅度递减，同时发现农业、工业产值水平与生产总值保持一致的变化趋势，服务业的产值水平增长趋势与现有发展水平相似；整体上水源区产业子系统的发展形成增长的态势，呈现出缓慢的增长规律。

（2）资源子系统方面：水源区资源耗用呈现快速增长的趋势。在水源区产业快速发展的同时，水源区资源将被大量地消耗，尤其是水资源和能源资源，当前水资源可利用量相比于现状发展模式下的水资源可利用量始终低平均 0.01%的差额；能源资源可利用量以 4%的速度快速减少；而水源区耕地面积几乎没有受到显著的影响，保持原有的发展态势。

（3）环境子系统方面：环境问题持续恶化。该情景下的产业快速发展模式致使环境污染持续加剧，与图 4-13 相比，废水、废气的排放量和固体废弃物的存储量均偏离，如废水排放量和废气排放量的差额以 1%的幅度增长，同样固体废弃物存储量的差额以 3%的幅度增长，水源区产业发展将面临严重的环境危机。

2）环境保护型调控

策略参数做如下调整：①将环保投资占全社会固定资产投资比的 0.9 初值更改为 0.99，同时将废水治理投资比例由原来的 0.02 提高到 0.06、固体废弃物处置率提高 0.05、固体废弃物综合利用率增加 0.1；②降低工业和人均的废水、废气、固体废弃物排放量，提高产业或企业自身资源的循环利用，万元工业废水排放量、人均生活废水排放量、万元工业废气排放量、万元工业固体废弃物产生量的调整分别为：由 0.002 降低到 0.001、由 0.003 降低到 0.001、由 0.000001 降低到 0.0000001、由 0.0001 降低到 0.00001；③应从产业本身的发展特性出发，着力推动低能耗、低污染的第三产业的增长，加速第二产业的创新转型步伐，并全力确保第一产业的稳定发展。具体调控策略仿真结果如图 7-3 所示。

（1）产业子系统方面：环境保护型调控策略以保护环境为主，水源区产业发展速度非常缓慢。由于国家和产业企业将关注的重点从产业生产性投资转移到环境保护和资源节约方面，生产总值的变化趋势远低于情景方案一的发展，且水源区生活水平等社会效益并没有得到显著提高。

（2）资源子系统方面：为实现资源的可持续利用，大力推行各个层面资源的节约、循环利用，并增加对废水、废气和固体废弃物的治理投资。通过这些措施，可以有效减少资源的使用量，并显著降低环境污染。资源的耗用有所下降，但耕地面积、水资源可利用量和能源可利用量下降幅度并不显著。

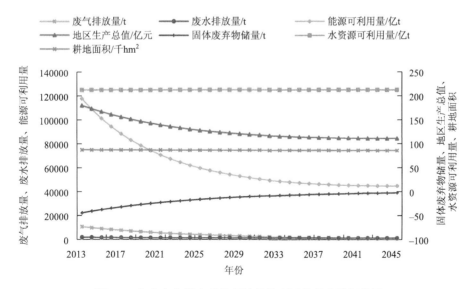

图 7-3　生态产业耦合系统环境保护型调控策略模拟结果

（3）环境子系统方面：环境问题得到大幅度改善。水源区在该情景下的显著效果主要表现在废水、固体废弃物的排放量显现出大幅度下降趋势，一定程度上保持了水源区生态环境发展的良好势头，如废水排放量减少将近60%。

3）综合协调发展型调控

策略的相关变量参数进行如下调整：①将原来的全社会固定资产投资从1.4提高到1.6，各产业投资比例分别降低0.1；②重点关注生态环保问题，着力增加环境保护投资，并加大环境污染治理的力度，以推动环境保护工作的深入开展，确保生态环境的持续改善；③将工业废水排放量、人均废水排放量等变量系数分别都降低50%；④调整产业结构水平，充分发挥第三产业低能耗、低污染的社会效应，快速促进第二产业的转型发展，以实现产业结构优化，从而保证生态产业耦合系统的协调发展。具体策略仿真结果见图7-4所示。

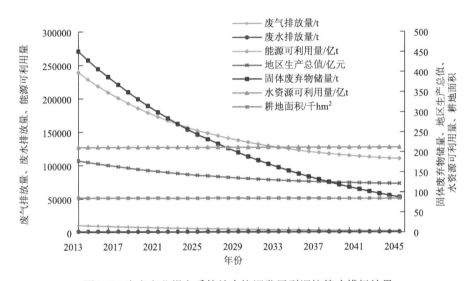

图 7-4 生态产业耦合系统综合协调发展型调控策略模拟结果

（1）产业发展较快，保持快速的增长趋势。2045年水源区产业地区生产总值指标仅次于产业发展型的调控策略，呈现出较好的发展态势。

（2）资源环境状态最好，维持良好的协调发展。相比于上述调控策略，综合发展模式下的固体废弃物、废水、废气的排放都有很大程度的改善，如与产业发展相比，废水排放量降低了65%；与现有水平相比，降低了61%。

（3）资源消耗较少，能源危机暂时得以缓解。在仿真的时间跨度内，水源区采用宏观与微观相结合的调整政策，有效提高耦合系统的资源能源利用效率，降低对资源的直接消耗，减轻对资源环境的压力。

由此可见，综合协调发展调控策略遵循了耦合系统的运行规律，并集合了现有水平发展型、产业发展型、环境保护型这三种情景方案的优点，为南水北调中线工程水源区生态产业耦合系统的可持续协调发展提供了理想的发展方向。

对比分析上述调控策略发现：①在现有水平的发展模式下，水源区出现产业发展极为缓慢，水、能源、土地等资源循环利用率不高，后期环境污染问题突出等生态产业系统不协调的现象；②在产业发展的情景方案中，产业发展得到了快速有效的提升，但却表现出水源区环境问题持续恶化、资源被大量消耗和浪费等资源与环境问题，并不符合水源区生态与产业协调发展的长期战略目标；③在环境保护模型下，环境问题得到了大幅度的改善，且资源耗用的下降在一定程度上减轻了环境的压力，为水源区生态产业耦合系统提供了合理的时间尺度和空间尺度，但此发展模式下的产业发展过于缓慢，限制了产业系统、资源系统、环境系统的循环、协调、高效发展；④综合协调发展型方案在总体上效果最好，从仿真结果可知，综合协调性方案在仿真期内水生态环境维持良好的发展状态，各类废弃物的处理能力和回收能力都有很大的改善，且产业发展较快，保持快速的增长趋势，地区生产总值成效仅次于产业发展型。

2. 水生态环境与经济耦合系统调控策略仿真

1）经济发展型调控

策略参数进行了如下调整：①将工业的投资系数由原来的 0.4 提高 0.6；②将社会总固定资产投资提高 15%，其他参数不进行调整。对水源区未来发展趋势进行仿真，结果如下。

（1）经济发展呈现出迅猛的趋势，保持快速增长。从仿真结果可以看出，2041 年水源区总产值相比于现状模式下的总产值增长 36.4%，整体上水源区经济发展形成指数的增长趋势；

（2）水源区水资源耗用快速增长，水生态环境问题不断恶化。随着产业结构的调整，产业结构偏水度有所提升，导致水资源的耗用逐渐偏向那些耗水量大的产业。然而，在经济发展的过程中，也面临着水资源不断被耗用和浪费的问题。尤其是工业和农业领域，水资源生产效率分别降低了 23% 和 33%，而服务业的水资源生产效率仅提升了 0.2%。水生态环境质量也不容乐观，污染物水质生态足迹不断增加，如 COD 污染水质生态足迹由 2041 的 389.297hm^2 上升到 462.979hm^2，氨氮污染水质生态足迹由 2041 年的 440.399hm^2 增加到 486.486 hm^2。

不难看出，水源区经济的发展以牺牲水生态环境为代价。面临着水生态环境的压力，此发展模式不能实现水生态环境与经济耦合协调发展的目标。

2）资源环境保护型调控

策略参数进行了如下调整：将环保投资比例提高 0.1，将工业投资比例下调 0.1；另通过公益宣传、广告投放，控制各单位的水资源使用量，将万元工业产值耗水量、万元农业产值耗水量、人均生活耗水量减少 0.01，其他参数不进行调整。对水源区未来发展趋势进行仿真，结果如下。

（1）经济方面：此方案以保护资源环境为主，经济发展速度同现状。由于环境资源保护是社会固定资产投资的重点内容，各产业的生产性投资有所降低，经济发展的态势受到抑制，到 2041 年资源环境保护型的总产值仅仅是经济发展型的 73%。

（2）资源方面：水资源的耗用有所降低，水资源存量得以扩充。一方面，控制各单位的水资源使用能够直接或间接减少对水资源的消耗，到 2041 年总耗水量仅是经济发展型的一半；另一方面，环保投资比例的提高，增加工业企业废水循环利用效率，提高各产业水资源的生产率，暂时可解除水资源的耗尽危机。

（3）水生态环境方面：水源区水生态环境污染显著下降，水生态环境质量破坏程度减轻。水源区水生态环境污染显著下降表现在 COD 和氨氮污染水质生态足迹呈减少趋势，分别降低了 40%、36%。

3）综合协调型调控

策略参数进行了如下调整：①将工业的投资系数由原来的 0.4 提高到 0.6，并且对农业、工业和服务业的产业结构进行相应调整；②将社会总固定资产投资提高 15%；③将环保投资比例提高 0.1，减少各产业、生活排放系数；将工业投资比例下调 0.1；④将万元工业产值耗水量、万元农业产值耗水量、人均生活耗水量减少 0.01，其他参数不进行调整。对水源区未来发展趋势进行仿真，结果如下。

（1）经济发展保持较快的增长趋势。模拟的 30 年间，水源区经济总量（总产值）直线上升，在 2041 年总产值比现有状态提升了 35.9%，仅次于经济发展模型，经济发展呈现良好的发展态势。

（2）水生态环境较好，污染物得到有效抑制。30 年间，各产业废水、废水污染物的排放量处于较低水平，水生态环境保持着良好的质量。在 2041 年，COD、氨氮污染水质生态足迹降低到 282.129 hm^2、313.571 hm^2。

（3）水资源消耗较少，资源危机可以得到缓解。由于水资源的保护节约意识的增强，水资源存量得到大量补足，且同时环保投资的加大，各产业的水资源生产率也得到了大幅度提升。

4）调控策略对比分析

水源区耦合协调系统的水资源生产率、产业结构偏水度、COD 污染水质生态足迹、氨氮污染水质生态足迹、水资源的缺口量是衡量水源区耦合系统协调发展的评价指标。通过对比以上经济发展型、资源环境保护型、综合协调型以及维持现状型，总结各调控策略的优劣势，为耦合协调系统的理想方案提供科学有效的数据支撑，仿真结果如图 7-5 所示。

经济发展型调控策略使经济效益得到显著提升，但是以牺牲水资源和环境为代价，当水资源的缺口量下降到一定水平后，各产业水资源的需求量将得不到满足，经济发展将会被严重抑制。因此，此方案不适合用作水源区长期协调发展的策略方案。

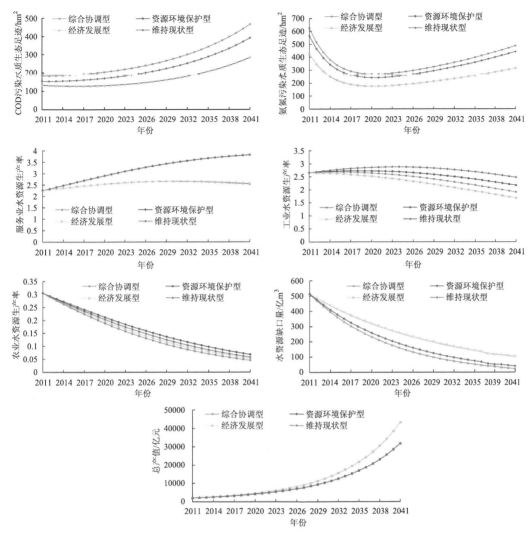

图 7-5　各方案下的水源区水生态环境与经济耦合协调系统仿真结果

环境保护型调控策略可以减缓水资源缺口量下降,降低COD、氨氮污染水质生态足迹,但是单纯依靠节约环保意识降低单位耗水量,当水资源的耗用量下降到某一标准后,水资源耗用量将难有更大的下降空间;且当水资源的污染物排放系数减少到一定程度后,即使增加更高比例的环保投资,污染物减排率也会遭遇技术瓶颈,并且随着经济的发展,污染物的不断累积会造成新一轮的水生态环境恶化。

综合协调型调控策略在整体上效果相对较好,从仿真结果可知,该方案既能促进经济增长,又能兼顾水生态环境质量,在未来一段时间内将缓解水生态环境压力,还水生态环境合适的自我净化的时间和空间,且经济发展也表现出较好的趋势。从综合角度考虑,综合协调型调控策略的成效高于其他两种方案,是较为理想的情景方案,可供参考。

7.4　调控策略调整

把调控策略转化为具体的调控政策、程序、规则，是调控政策、程序、规则的制定过程，也是调控政策、程序、规则的组织实施过程。调控策略是指为了实现水源区协调发展而采取的行动和利用资源的总体方案。政策是指用来指导策略思想的全面标准化规定，可以减少常规事务处理的成本。程序是一种方法，用于处理水源区在特定预测时间段内的活动，它详细规定了完成某些活动的确切方式。规则的本质在于对水源区内必要活动和非必要活动的细致描述，这些规则通常是最简单的策略体现。将调控策略转化为具体的调控政策、程序、规则，要求策略在不同时空上协调一致，保证水源区调控策略得以全面实施完成（周三多等，2018）。

7.4.1　生态产业耦合调控策略调整

1. 生态产业耦合调控策略分析

本书运用系统动力学方法构建生态产业耦合系统的 SD 模型，以南水北调中线工程水源区为研究区，实证模拟与仿真生态产业耦合系统未来发展趋势，并以图的形式反映现有水平发展型、产业发展型、环境保护型、综合协调发展型 4 种情景方案下地区生产总值、固体废弃物排放量、废气排放量、废水排放量、水资源可利用量、能源可利用量、耕地面积等各子系统评价指标的变化趋势。仿真结果可以为实现生态经济协调发展目标及产业动态优化等提供理论与实践指导。从前文仿真实验可知，按照现有的发展趋势，水源区出现了地区生产总值下降趋势显著、资源循环利用率不高、环境污染严重等现象，失去了各子系统协调发展的良好趋势。为了进一步提高水源区生态产业耦合系统的协调发展，设计了三种调控策略，并对调控策略进行仿真模拟分析，得出以下结论：产业发展型策略，在一定的产业投资水平下，产业水平有着显著的增长趋势，然而相比于产业发展水平，环境和资源问题不但没有显著改善，反而持续恶化；环境保护型策略主要以保护环境为主，水源区产业发展的社会效益虽没有得到显著提升，但其资源与环境得到了大幅度改善，提高了资源的高效循环利用，减少废弃物的排放，从而减轻了对自然生态系统的压力；综合协调发展型策略兼顾产业发展和环境保护，遵循了系统运行的基本规律，不仅促进了产业发展，又能缓解能源资源危机，进而实现维持协调发展的重要目标。

2. 生态产业耦合调控策略实施建议

生态产业耦合系统追求的是与自然生态系统和谐相处，且自身又具有稳定协调的产业结构，以使得耦合系统中资源、能源等流通物质高效、循环地利用。南水北调中线工程水源区主线是要在保水质的同时强民生和促转型。针对这一主线，水源区耦合系统的协调发展相比于其他区域有着更高的要求。本书根据前人的研究基础以及前文的实证结果分析,结合水源区发展阶段提出水源区生态产业耦合系统的调控策略实施建议。其中,水源区的发展阶段可以借鉴信息系统应用发展的诺兰模型阶段论,具体分为初始阶段、控制阶段和成熟阶段;且诺兰模型阶段论认为在制定耦合系统发展策略的时候,都应先明确该区域处于哪个发展阶段,进而根据该阶段特征来指导政策建议的实施,因此不同阶段的具体调控策略实施建议如下:

（1）初始阶段。水源区初始阶段是指水源区的生产方式、基础设施等条件落后,以及发展水平过低的阶段。若水源区产业系统处于初始阶段,应以产业发展型策略为主体,加大生产性投资系数,对各产业增加投资支持,提高产业水平和经济发展能力,同时也要注意到经济能力的提升可以反哺科技水平和科技转化力,并提高环保治理能力。因此,实现水源区初始阶段的产业发展,提高环保治理能力,达到资源的循环有效利用是未来水源区生态产业耦合系统的主要内容。

（2）控制阶段。控制阶段是指水源区以粗放型经济增长方式为主体的阶段。为促进经济的发展,水源区以粗放型经济增长方式为主体,劳动力等生产要素成本快速上升、环境资源压力逐渐增大、经济结构性矛盾加剧,会对水源区协调发展造成严重威胁。这一阶段要求中线工程水源区的生态与经济协调发展不能单一地追求经济规模和增长速度,而是应以环境保护型发展方式为主体,提高节约环保意识、调整产业结构比例。因此,减轻对资源环境的压力,为生态产业耦合系统提供合理的时空尺度是耦合系统发展的重要主题。

（3）成熟阶段。成熟的耦合系统不仅可以提升产业的生存和获利能力,还有效提高了系统整体的资源能源利用效率,降低环境资源压力,从而实现真正的耦合系统协调发展。一般认为,这一阶段主要采用综合协调型调控策略,注重量与质的统一,关注如何转变发展方式、转换增长动力、优化经济结构,以提升经济增长质量。因此,做好产业企业的转型、创新是耦合系统的主要发展导向。

7.4.2　水生态环境与经济耦合调控策略调整

1. 水生态环境与经济耦合调控策略分析

南水北调中线工程水源区水生态环境与经济耦合协调系统的协调发展问题是由水源区水生态环境与经济发展的矛盾所引发的。随着南水北调中线工程的完成运行,水源区对水生态环境与经济发展提出了更高的要求。本书运用系统动力学方法综合考虑了水生态环境系统和经济系统这两个子系统,设计了 3 种调控策略进行仿真模拟分析,并根据仿真结果提出水生态环境与经济耦合系统发展的理想策略是综合协调型调控策略。在此策略下,未来的一段时间内,水生态环境压力将得到缓解,为水生态环境提供充足的自我净化的时间和空间。同时,经济发展也将展现出积极的发展趋势,充分展现水生态环境与经济的协调、耦合发展以及可持续发展的理念。

2. 水生态环境与经济耦合调控策略实施建议

为了实现水源区水生态环境与经济的耦合协调发展,未来必须转变当前的发展模式,走节约水资源的道路,推动产业转型升级,提升产业投资系数,并增加环保投资的比例。同时,必须强调对水源区耦合协调系统的有效管理,以提升水资源生产效率,降低水资源污染,保护水源区的生态环境。只有这样,才能推动水源区的经济发展,并真正实现水生态环境与经济的可持续发展。具体调控策略实施建议如下:

(1)做好产业转型。为保护水源区水生态环境,国家对水源区作出了明确的政策限制和产业限制,因此水源区应促进从基础材料、关键零部件到先进制造装备、整体解决方案的智能绿色全产业链的新产业发展,适度提高能源和原材料的进口,减少对能源资源的直接消耗,降低对环境的直接排放,做好产业转型是水源区水生态环境与经济耦合协调发展的根本方式。

(2)合理提高投资水平。国家各级单位提高对水源区社会经济发展的投资水平,一方面增加全社会固定资产投资、各产业的产业投资、技术投资等;另一方面注重提高生产率水平,提升科技水平和科技转化力,重视高校和研发机构的科技成果转化。同时也要意识到科技、环保和产业投资是一项长线工程,而预期回报可能就是经济进入高质量的发展阶段。因此,实现产业技术创新、提高废弃物处理和回收能力是水源区产业政策的调控方向。

(3)加强民众环保意识。环境保护已引起全世界人民的共同关注。由于采用了以粗放型经济增长方式为主导的经济模式,生产要素成本迅速上升,环境资源承受的压力持续增大,资源能源的严重短缺等问题不断涌现,已经直接威胁到人类社会的可持续发展。水源区政府应强化民众意识,以环保为主题进行公益宣传,呼吁民众保护地球的生命之源,使民众有意识地保护自然资源,并使其得到充分合理的利用。因此加强民众环保意识、防止环境污染和破坏、避免资源短缺是水源区水生态环境与经济协调发展的主要内容。

(4)辅以科学管理方法。科学管理是在特定情景下协调人、财、物等各类资源以有效实现水源区协调发展的活动。水源区需要根据区域采用的不同调控策略,采取合适的管理活动。如关于环境保护型策略,水源区可以通过组织管理职能做好经济系统的结构设计,确定水源区经济子系统所需的功能组成单元,规划经济系统中各功能单元数量和单元类型,以期通过组织管理职能实现各个功能单元物质、资源、信息的充分循环流通。

第8章　南水北调中线工程水源区生态环境保护
政策实施的保障机制

当前，水源区正面临着城镇化进程加快和人口规模持续扩大的双重挑战，普遍表现出劳动力生产要素成本快速上升、人均资源量逐渐减少、污染物排放量增多、环境资源压力逐渐增大、产业结构性矛盾加剧等突出现象。生态环境恶化，水源区可持续协调发展将受到严重阻碍。这些问题的产生有经济的、产业的、政策的、机制的原因，但保护水源区生态环境主体的系统各成员没有充分发挥其在水源区生态环境保护中的重要作用。水源区系统各活动成员作为系统运行的基本组成单元，非常熟悉成员内部资源利用情况和污染物排放情况，并最能掌握污染物回用能力，其成员自身主观能动性的发挥，对于水源区生态环境保护具有非常重要的作用。但是，在实践中发现，水源区生态环境恶化，水源区水质难以得到保障，水源区耦合系统各成员在履行生态环境保护职责方面还存在一定欠缺。目前，在保证"一江清水向北流"的条件下，探讨如何加强水源区生态环境保护保障机制，以实现水源区生态环境保护和水源区可持续协调发展十分重要。基于前文研究问题和研究结果，本章节对水源区生态环境保护中存在的问题进行总结和归纳。在此基础上，探讨了保护水源区生态环境的可行解决方案，并提出了相应的生态环境保护保障机制，旨在加强环境保护措施，实现水源区社会经济与环境的和谐共生发展。

8.1　生态环境保护政策的保障机制概述

8.1.1　保障机制在环境保护中的作用

1. 保障机制的定义

保障机制是指水源区社会经济系统在对资源和环境的利用过程中，系统各成员或政府公共部门参与环境保护的管理，采取某些必要的调控策略，以达到满意的整体效益，共同实现水源区可持续协调发展的过程。环境保护执行主体单位的意识、责任、权利，以及他们之间相互沟通的形式，构成了环境的保障机制。从环境保护执行主体看，环境保护应注重多方利益成员的共同参与，包括水源区相关的各级政府部门、水源区耦合系统各成员、个体组织及居民团体等，都应参与到水源区生态环境保护的过程中。水源区各利益主体要积极探索现阶段环境保护的主要模式：一方面，充分发挥水源区各级政府部门对生态环境保护保障的行政管理权利，保护水源区生态环境是要保护水源区的水质，保障水源区生态环境不被恶化,保证"一江清水向北流",创建协调可持续的生态环境是各级政府的法定职责,作为水源区生态环境保护的首要责任人,各级政府部门通过自身的监管职责,建立和完善水源区生态环境监测、宣传、执法等机制,指导、帮助水源区开展生态环境保护工作,以保证水质安全,促进社会与环境的可持续发展;另一方面,充分激发水源区系统各成员、个体组织、居民团体的民主参与和民主管理,环境保护属于集体自我管理的范畴,是各组织、团体、成员自我管理的任务之一。各组织通过民主参与、民主管理、建立各自环保部门等方式,以及通过公益宣传、纠纷调解机制等的构建和完善,提高水源区各组织的环保意识、组织意识,组织水源区各组织参与和管理,依法开展水源区的生态环境保护保障工作,实现各组织在生态环境保护中的主体作用。从环境保护的客体来看,环境保护是以水源区的各类资源、环境为研究对象,在第7章的生态环境问题中提到,土地资源变化、固体废弃物存量变化、大气污染严重、水资源污染严重、水资源短缺等是当前水源区急需解决的环境问题与危机。从环境保护的目标来看,通过环境保护模式的有效运行,激发、帮助、保障水源区各利益主体的共同参与,提高水源区生态环境保护保障水平和保障质量,促进水源区社会经济的可持续发展,保障水源区整体效益的实现,推进水源区全面的协调发展。

2. 保障机制和生态环境保护的关系

生态环境保护并非仅属于公共领域范畴,它不仅是社会经济发展的关键影响因素,更是决定人类生活需求与品质的核心要素。这一领域的保护不仅关乎公共利益,也直接关系到每个人的生活质量和未来发展。生态环境保护的公共性同时也决定了生态环境保护机制的多元化,不管是行政管理部门还是民主自我管理都作为参与主体参与到生态环境保护的工作中来。然而,水源区所属区域地形为山地、丘陵、盆地,大部分为贫困地区,居民团体、个体组织的环保意识和环保行为不可能自发形成。因此,水源区的行政管理部门和系统各成员的环保部门应承担起相应责任,其在水源区生态环境保护保障中的积极活动,直接左右着水源区生态环境保护保障工作的展开。

1) 行政管理部门在生态环境保护中的作用

生态环境保护是指保护生物良好的生存环境、生产环境,并在其环境遭到破坏时可采取的有效纠正调控措施。生态环境是生物赖以生活和生产的自然环境,是维持人类社会经济发展的基础动力。民众并没有非常强烈的环境保护意识和环境维权意识,如果没有有效的生态环境保护保障机制的约束,其良好的生存和生产环境将难以维持。行政管理部门应该发挥水源区生态环境保护的中坚力量作用,为水源区生态环境保护提供强有力的支持。行政管理部门对环境保护的重视程度,直接决定了水源区生态环境保护是否能顺利执行,决定了水源区是否能圆满实现协调发展。水源区系统各组织、团体或民众作为生态环境保护保障的执行者和贯彻者,决定了水源区行政部门的执政能力和水平。行政管理部门存在的目的是保护生物良好的生存和生产环境,各种生态环境保护保障机制只能通过该部门的行政管理行为实现。因此，在生态环境保护工作中，行政管理部门一定要发挥其管理和领导作用，为水源区的水质安全，以及协调发展的实现提供行政机制保障。

行政管理部门在生态环境保护保障中起着重要的领导和指挥作用，一方面行政管理部门承担着建立和健全生态环境保护保障机制，通过直接领导和指挥，保证该保护保障机制顺利执行的义务；另一方面行政管理部门还应增加全社会固定资产投资，提高科技转化率，提升生态环境保护能力。

2）水源区各组织、团体、民众在生态环境保护中的作用

水源区的各组织、团体和民众，指的是水源区系统内各个产业、民间组织等通过内部组织结构的调整或自发形成的各类产业或组织。这些组织或团体致力于自我环境教育、自我环境约束和自我环境管理，形成了一系列环境保护组织或部门。这些组织和部门负责贯彻和执行水源区生态环境保护保障制度，以确保水源区的生态环境得到有效保护和可持续发展。环境保护组织（或部门）的工作内容为水源区的生态环境保护事务，目的是使得水源区的各组织、团体、民众实现自我环境保护、自我环境宣传、自我环境服务，处理与生态环境保护密切相关的事务，保证对水源区环境保护的有效调控。环境保护组织（或部门）是各组织、团体最基层的环境保护组织，是由组织结构调整或自发形成的，从组织结构来看，是向产业、民间组织负责，其所代表的是各产业和民间组织的综合效益，反映的是各产业和民间组织的根本利益，与水源区社会经济发展和民众生活息息相关，具体到管理职能上包括管理各产业和民间组织进行自我环保学习、服务、宣传等内容。环境保护组织（或部门）存在的目的是为保护水源区生态环境，代表的是水源区民众的环境利益，保障水源区民众的生存权益。生态环境保护属于水源区公益事务，与民众生产、生活密切相关，需要各组织、团体、民众进行自我环境教育、环境管理、环境监督和环保政策执行。但是单个民众参与生态环境保护管理具有分散性，只有通过一定环境保护组织（或部门）来贯彻和执行生态环境保护保障制度，才能有效实现生态环境的保护。环境保护组织（或部门）进行生态环境保护是行政部门要求各产业和民间组织来行使环境管理权利，各产业和民间组织与环境保护的关系，就是监督与执行、决策与接受之间的相互关系。因此，水源区各组织、团体、民众通过环境保护组织（或部门）来进行水源区生态环境保护工作，是水源区协调发展得以实现的有效方式。

水源区各组织、团体、民众在生态环境保护中的地位主要体现在：一方面各组织、团体、民众有责任也有义务领导本部门、本组织自主管理保护环境的公益事务，指挥本部门、本组织各类资源的合理使用，实现资源的充分循环利用，保护和保障生态环境；另一方面，组织、团体、民众协助水源区行政管理部门展开工作，管理生态环境保护相关事宜。

8.1.2 当前水源区环境保护政策保障机制的现状及问题

近年来，随着南水北调中线的完工运行，水源区加大了生态环境保护力度和资金投入，水源区生态环境保护取得了一定成效。但也应该意识到，水源区环境保护仍存在很多不合理之处，这使得水源区生态环境保护工作进度迟缓，水源区水质安全难以得到有力保障。

1. 水源区生态环境保护政策保障机制不健全

目前，水源区的生态环境制度和生态环境保护保障工作明显存在着区域的差别，水源区现行的生态环境保护法律大都是参照所属省份或国家的环保法律，并没有根据水源区特殊情况来制定适应当地的环保法律。且关于水源区系统各组织、团体、民众环保监督和参与等的机制建设忽视了水源区区域的特殊性，缺乏保障性和操作性，直接影响了各组织、团体、民众在生态环境保护中的自我参与。

1) 生态环境信息公开制度不完备

2001 年联合国环境规划署宣布《奥尔胡斯公约》正式生效，赋予公众在获得环境信息、公众参与和诉诸法律方面的权利。2007 年我国国家环境保护总局第一次局务会议通过《环境信息公开办法（试行）》，并在 2008 年正式实施。但联合国宣布的公约和我国的《环境信息公开办法（试行）》主要集中于大型城市，忽视了某些跨省地域的县级区域环保信息的需求，主要表现为：①生态环境信息公开缺乏适用性。目前，环保部门公开的生态环境信息主要是省市县的气候、水和空气质量，缺乏针对水源区这种特殊区域的生态环境信息，如水源区生态环境现状、地下水污染情况、土壤污染情况等信息极其缺乏，没有形成水源区社会经济发展、居民生活的指导性建议；②环保信息公开渠道缺乏多样性。政府网站、报纸、期刊和环保部门指定地点为生态环境信息公开的主要形式，虽然对生态环境信息公开没有指定的时间限制，但是水源区大部分区域各组织、团体、民众鉴于条件的限制，不能很好地从这些形式得到生态环境信息；③生态环境信息缺乏实用性。一方面，生态环境信息表述过于简单，公开内容避实就虚、蜻蜓点水；另一方面，生态环境信息的诠释需要较强的专业术语背景和专业技术水平，各组织、团体、民众很难完全理解生态环境信息所折射的主要含义。

2) 生态环境决策参与机制不完善

随着互联网的发展，城市居民参与区域环境评价制度已基本成熟，但在县级以下区域，各组织、团体、民众的环境评价机制还不够完备，主要表现为：①各组织、团体、民众的生态环境信息知情权和其话语权严重缺乏机制保障，一方面，生态环境信息缺乏信息公开机制，信息的严重不对称导致各组织、团体、民众缺乏生态环境信息的来源，行使不了该有的环境监督、评价和决策的权利；另一方面，由于相关行政管理部门忽视各组织、团体、民众的环境保护权利，不提供其参与生态环境保护决策的机会，使其无法表达自己的观点和看法。②各组织、团体、民众的决策过于形式化。水源区的行政区域大部分为县级以下区域，存在频繁的人口流动和居住分散等现象，留守该区域的人口大部分以老、弱为主，其参与生态环境决策的积极性、决策能力、决策效果对当地决策机制的顺利运行造成一定的难度。因此，民众决策参与机制经常沦为一种形式主义过场。

3）生态环境监督机制不健全

各组织、团体、民众实行对生态环境的监督，对提升行政管理部门的监督管理工作效率起着重要作用，同时也对弥补行政管理部门监督资源不足、信息更新不及时有着重要意义。但当前生态环境监督机制主要有以下问题：①生态环境监督程序不完备。虽然国家生态环境保护法律完全体现了生态环境管理中的民主原则，详细规定了民众应有的监督权利、控告权利，但在生态环境保护实际工作过程中，特别是县级区域以下的水源区，如何行使其应有的监督和控告权利，存在着众多障碍。水源区各组织、团体、民众监督和控告权利的建立、操作原则、操作程序、监督效果、调控策略设计程序等一系列机制都有待完善。②水源区各组织、团体、民众的监督力量单薄。在生态环境保护保障过程中，水源区各组织与行政管理部门拥有的信息不同，形成了信息不对称现象，由此行政管理部门在实际生态环境保护过程中容易侵犯各组织的环境权利。面对行政管理部门有意忽略生态环境信息公开、公正原则，以及无视水源区各组织、团体、民众监督和控告的各种行为，水源区各组织、团体、民众纵然有生态环境保护的自我意识，却因掌握信息能力有限、法律意识淡薄，无法与行政管理部门进行对抗。

2. 水源区生态环境保护保障机制存在双重管理的缺陷

按照行政区域划分，水源区水资源管理体制从中央到地方分为三个层次进行管理，包括生态环境部、厅、局。在行政管理机制上，地方行政管理部门服从于上级业务部门和同级政府部门的双重管理。从水源区环境保护保障体制的形成过程来看，地方政府的行政管理是受同级政府部门的委托来工作的，因此，必须接受同级政府的领导和命令。上级业务部门扮演的是参谋角色，他们的主要任务是提供某些专业的业务服务，进行某些专项研究，以提供某些专项业务指导。地方行政管理部门在组织结构上隶属于地方政府，实行自下而上的层级管理，首要遵循上级政府的决策和指导，同时也接受上级业务部门的专项业务指导，以优化地方管理和服务。现阶段工业产业仍是促进水源区经济发展的重要产业，在为当地政府解决就业问题中发挥了重要作用，同时也是水源区社会经济发展和人民安定的重要力量。水源区各级生态环境保护部门，处于上级业务部门和同级政府部门的双重管理之下，很难脱离同级地方政府权力的约束，很难从整体上保障水源区环境效益和经济效益。

3. 水源区生态环境保护意识不强

水源区生态环境保护成效与行政管理部门的生态环境保护重视程度密切相关。行政管理部门对生态环境的总体评判，体现了其对生态环境的基本认知和判断，这种评判构成了行政管理部门在水源区实施生态环境保护措施的重要依据和基础。同时总体评判程度的优劣也间接反映了行政管理部门对水源区生态环境保护的意愿程度。水源区行政管理部门，水源区各组织、团体、民众都还没完全意识到生态环境保护的重要性、急切性。其主要问题表现为：①水源区存在固体废弃物存量增大、水资源短缺等现象，尤其是废弃物的污染是一个累积的过程，其危害性的呈现有一段很长的时间延迟，因而水源区各单位没有获取其危害性程度的信息。水源区一部分人在生态环境保护工作上还存有重工业、重城市的倾向；在思想上有不作为情绪，认为县级以下区域人口流动率过大，很难保证生态环保体系的构建；还有部门行政管理人员认为，水源区重点保护区域已为生态环境留有足够的自我净化空间和时间。水源区行政管理部门生态环境保护意识不强是造成水源区生态环境保护工作成效不显著的重要影响因素。②水源区涉及的某些县市经济压力大，仍以生产总值为考核当地经济发展的重要指标，没有水源区经济与环境协调发展的理念，缺乏环境保护目标的约束。水源区整体上属于经济落后区域，不少水源区县市在社会经济发展过程中，没有正确认识到经济发展与生态环境之间的关系，生态环境保护没有被提升为重要的工作日程。某些水源区的领导干部过于关注以经济发展为核心的政绩指标，追求个人仕途的晋升，从而加快了经济发展速度。在这一过程中，忽视了生态环境保护，甚至为了经济利益引进大量高污染产业企业，并对产业发展过程中破坏生态环境的恶劣行为采取了纵容态度。这种短视行为直接导致生态环境资源压力的急剧上升，对水源区的生态环境造成严重威胁。

8.1.3　完善生态环境保护保障机制

据前文分析，水源区生态环境与经济协调发展是水源区生态环境保护保障的主要目标。目前，水源区生态环境保护保障方面还存在很多问题，主要表现为保障机制层面、保护意识层面。因此，本书致力于从机制保障和意识保护两个层面完善水源区生态环境保障机制。这一举措旨在确保水源区的生态环境得到全面而有效的保护，从而推动整个区域的可持续发展。

1. 机制保障层面，健全水源区生态环境保护保障机制，完善管理制度

1）健全水源区生态环境保护保障机制

由于水源区生态环境保护面向的是跨省区域，区域地势复杂，社会经济发展落后，民众受教育水平较低，个体能力水平也较低。同时，水源区没有良好的环保条件和环保意识，因此针对水源区实际状况，建立和完善生态环境保护保障机制，以保障全体民众高效、有序地参与生态环境保护。

（1）完备生态环境信息公开机制

鉴于水源区生态环境的独特性以及社会经济发展的相对滞后性，建立和完善水源区生态环境信息公开机制显得尤为重要。这一机制的构建必须充分考虑到水源区的特殊需求，确保信息公开的准确性和有效性，从而更好地推动水源区的生态环境保护和可持续发展。一方面，水源区民众受信息来源的制约，政府行政管理部门是其环境信息的主要来源，获取环境信息的渠道单一，环保知识和环保意识薄弱，因此水源区应拓宽环境信息渠道，除政府行政管理部门外，水源区各组织、团体、民众更应发挥其宣传环境信息的作用；另一方面，在水源区各子系统中，也存在一种非正式组织，频繁的非正式联系可以快速促进信息的相互传递和流通，这种非正式关系有利于弥补政府行政管理部门信息公开渠道单一的不足。因此，通过会议精神的传达、公告公示的展示、广播的传播等形式进行水源区环境信息公开，比电视、期刊、网络等方式更具有有效性和操作性。一方面，水源区重点关注水质安全，水源区生态环境信息的内容应体现其实用性、价值性、独特性等特征，如应公布水源区地下水域污染情况、水源区土地污染情况等，便于指导各产业、民众的生产和生活活动；另一方面，由于环境信息具有一定的专业性和技术性，水源区政府行政管理部门应着重考虑如何解读和诠释生态环境信息，以助于水源区各产业、民众的理解、掌握、利用。

（2）完善生态环境决策参与机制

污染环境和破坏环境是损害社会公共利益的行为，针对这种行为，系统各组织、团体、民众可以向法院提起诉讼，因此其系统各组织、团体、民众在水源区生态环境保护保障中具有决策参与的权利。为此，需要在制度中明确规定民众参与制定，确保民众的社会环境公共利益，同时，在生态环境决策参与机制中应明确规定民众参与的频率、参与形式、参与效果等，使这项机制从战略性程序转化为战术性程序，以建立正常的程序化秩序，保证其得以具体组织实施。民众在参与环境决策时离不开相关环境信息，获取环境信息的数量和质量直接影响参与决策的效果，这就要求民众在参与决策之前尽可能地收集环境信息，作为决策依据。其中，环境的市场调查、环境的论证会、环境的听证会等都可作为民众收集环境信息的良好渠道，并能够很好地了解民众的意见和看法。在水源区，一方面要保障水源区民众能够通过某种渠道参与生态环境事务的了解、建议和决策，要保证决策的公开、公平、公正；另一方面为了保证生态环境监督效果更为全面，激发水源区民众参与生态环境监督活动的热情，引导民众形成人人参与且保护生态环境的氛围。

（3）健全生态环境监督机制

生态环境保护保障机制的有效管理应该是始终督促他人，以保证生态环境信息机制、生态环境决策参与机制有效执行。水源区民众是社会环境公共利益的主体，但民众的督促意识、监督意识薄弱，水源区生态环境监督机制的健全需要充分激发各方面的积极性。具体完善策略如下：首先，需要由生态环境执法部门来监督和管理，并进行稽查和执法工作，促进公正执法、文明执法，树立生态环境执法部门的威望。其次，生态环境的保护需要水源区当地政府行政管理部门的大力支持，同时也需要民众的监督和检查；扩大民众生态环境监督反馈渠道，随时接受民众的生态环境保护投诉，倾听民众环保意见；实行报酬激励政策，奖励的目的在于提高各组织、团体、民众环保的积极性，使其监督工作更加努力。再次，在水源区，由于民众环保意识不足、环保能力不高，迫切需要团体的非正式组织作为民众代表，带动民众充分监督和管理，以维护水源区民众的社会环境公共利益。最后，互联网网络舆论监督力量在生态环境保护工作中发挥着不可或缺的重要作用。通过强化互联网舆论监督，公开水源区生态环境信息，为政府行政管理部门在生态环保工作实施、污染物减排以及减缓水资源缺口量下降等方面提供了明确的指导。这种公开透明的舆论监督方式有助于促进政府部门更加有效地履行职责，推动水源区生态环境的持续改善。

2）完善管理制度

水源区各级生态环境保护部门处于上级业务部门和同级政府部门双重管理的状态，容易面临同级地方政府干涉、行政执法不公正不文明等现象，鉴于中线水源区的特殊性，建议实行统一命令或统一指挥的原则。为了防止多头领导现象的出现，在环保系统设计中根据一个下级只能服从一个上级指挥的原则，将环保系统中的各个职务形成一条连续的垂直管理链条，明确规定链条中每个职务的责任、义务、权利、内容等之间关系，严禁越级指挥或越权指挥。

2. 意识保护层面，提高水源区生态环境保护意识

政府行政管理部门在生态环境保护保障的过程中起着主导作用，也只有其行政管理部门树立起正确的生态环境保护意识，水源区生态环境保护才能起步和发展。要使水源区政府行政管理部门树立起正确的生态环保意识，应该重点考虑以下几个方面。

1）加强政府行政管理部门的环保意识

在指挥、带领、引导、鼓励各组织为实现生态环保而努力的过程中，政府行政管理部门发挥着指挥、激励的作用。因此在行政管理部门中应树立起正确的发展观和价值观，要平衡处理水源区社会经济与生态环境保护之间的关系。水源区政府应当认识到保护生态环境是保护社会公共利益，应当尊重民众的生态环境权益，将生态环境保护作为水源区社会经济发展的重要内容，把改善水源区生态环境质量、保护生态环境、改善水源区的生存质量作为重要的考察指标，还水源区民众一个舒适、安全、健康的生活环境。在政府行政管理部门处理好社会经济与生态环境间关系的同时，既要避免多头领导，又要防止政府缺位，履行好政府公共义务。

2）加强各组织、团体的责任意识

提高水源区系统各组织、团体的环保意识，是发挥各单位保护生态环境作用的工作前提。通过对水源区系统各组织、团体进行环境保护法律、法规、政策等培训，不仅可以直接提高他们对生态环境保护重要性的认识，增强他们作为生态环境成员的责任感，而且可以辨识和处理生态环境保护的相关工作；同时，当某些政府部门、某些产业或民众的某些行为将要破坏水源区生态环境，损害社会环境公共利益时，各组织或团体能够及时辨别危害，代表普通公共利益与其进行谈判、协商、处理，保护水源区生态环境，使得水源区的未来在一定程度上有了保障，为水源区水资源增加了一道安全屏障。

3）加强民众的环保意识

水源区生态环境关系到水源区每个人的切身利益，关系到人民的美好生活能否实现，需要每个民众的共同参与。水源区民众是否具有正确的环保意识和自发的环保行动决定了水源区民众的参与程度和参与激情。为此，水源区以广泛宣传教育的方式，宣传环境保护相关内容及生态环境保护重要性，增强节约意识和环保意识，提高水源区民众参与环保行动的积极性。①水源区要进一步更好更贴近实际地完善水源区生态环境保护内容，重点宣传如何节水、节电等实用知识。②大力宣传生态产业，以生态学理念为指导的、以循环经济为主要发展模式的产业形式，引导水源区发展可持续协调产业，促进产业增值，民众增收。③重新思考宣传教育方式的改革，根据不同的宣传对象，采用不同的宣传方式；对于年轻有活力的青年，注重教育与宣传并重的形式，唤醒其环境保护的内在需求，调动其参与水源区生态环境保护具体行动的积极性；对于中老年，应采用易于接受的宣传方式，引导其广泛关注、主动参与周边的生态环境保护行动。

8.2　组织保障机制

从水源区生态环境保护现状来看，建立水源区生态环境保护保障机制，必须从中央到地方各层级上建立制度性的管理组织体制，形成跨区域的生态环境保护保障组织。作为一个跨区域生态环境保护规划，由于中线水源区跨 4 省 11 市 46 县，涉及多方地方政府利益问题，必须重视和加强水源区生态环境保护组织保障机制的构建。合理的水源区生态环境保护组织保障机制的设计必然会提高生态环境保护的总体成效。考虑到 4 省 11 市 46 县均有利益，水源区生态环境保护保障机制权力更倾向于地方政府或相关行政管理部门，在水源区建立一个综合管理组织是不可行的。国务院南水北调工程建设委员会办公室作为正部级办事机构，承担工程行政管理职能，无法代表水源区各省、地方政府的利益，且国务院南水北调工程建设委员会办公室单位性质和机构级别，不可能对高级别的省政府领导进行领导或指挥。所以，构建一个各部门和地方政府共同参与的组织保障机制，形成水源区生态环境保护保障的组织体系，从而提升生态环境承载力。

8.2.1　组织保障机制构建的指导思想

水源区生态环境组织保障机制的构建，首先要以生态学理念为指导，坚持以人为本，将其作为水源区应对生态环境恶化的重要发展理念和促进水源区生态环境与社会经济协调发展的重要举措，建立环境与经济协调发展的保障机制，提升水源区生态环境质量，满足水源区民众美好生活的需要。其次，必须把水源区生态环境组织保障机制贯穿于水源区生态环境保护保障机制中，将其作为提高生态环境保护总体成效的重要前提。借鉴国内区域合作的组织保障机制，充分考虑水源区水质安全的要求，推动生态环境保护与社会经济协调发展，构建具有领导力、指挥力和执行力的组织机构，坚持以生态学理念指导水源区生态环境组织保障机制的构建。最后，要根据水源区生态环境保护组织涉及部门和地方政府数量的庞大和关系的复杂，立足长远的规划、合理的职责分工，坚持构建一个由相关部门和地方政府参与的组织保障机制。增强水源区产业转型、创新发展的能力，提升水源区废弃物的回收能力和减排能力，发挥好水源区社会经济发展对生态环境的保护作用，推动水源区生态环境与社会经济协调发展。发挥水源区产业生态化优势，明确定位产业链功能，使资源物质高效循环利用，形成社会产业与生态环境和谐相处的水源区组织保障机制发展格局。

8.2.2　组织保障机制构建的原则

水源区生态环境保护组织所处的环境、区域发展的规模、行政部门管理的程序决定了水源区生态环境保护组织内部结构、功能、地位的复杂性。因此在水源区进行生态环境保护组织保障机构和结构设计时，应遵守一些管理的原则。

1. 权责对等原则

水源区生态环境保护组织中每个层级、每个部门、每个职务都必须完成各自规定的工作。而每个层级为了实施各自的活动，都需要利用内外部各类资源。因此，水源区生态环境保护组织为了确保每一项活动能够正确地做好、每个层级能够明确各自的工作内容，不仅要求能简单而明确地指出各层级的任务和责任，还要在组织保障机制构建过程中，规定利用内外部各类资源等工作需要的权力。没有明确规定的权力，或没有明确规定权力使用范围，有可能无法充分利用内外部各类资源、无法开展各自的工作活动。当前，权责的对等也意味着每个层级被赋予的权力不能逾越其规定的范围。当权力的范围逾越了其既定的层级界限时，虽然短期内可能有助于工作的迅速推进，但长此以往，却极易滋生权力滥用的现象。这种滥用不仅损害组织的公平与正义，更可能对整个组织的保障机制造成根本性的冲击，削弱其应有的效能。

2. 统一命令原则

除了水源区生态环境保护组织顶层的最高指挥以外，保护保障组织中的其他各层级都要接受该层上级领导或负责人的命令，根据上级领导或负责人的指示适时评价、调整、纠正、控制本部门的工作。但是，当某一个层级接受的是上级领导和主管部门双重管理，而且这两个部门的管理指令并不能保持协调一致时，这就造成该层级处于双重管理的夹缝中，很难摆脱某些部门的利益束缚，也很难实现水源区的整体协调效应。如果该层级的领导成员或管理人员能够有足够的胆量，他们可以接受上级领导的指令或安排去影响另一位主管部门领导的指令，以实现相互间协调工作。当然，这可能也会给组织保障带来某些不安全影响因素。统一命令的原则要求组织中除最高指挥外的任何层级只能接受一个上级领导或负责人的指挥和领导。

3. 协调管理原则

权力范围的大小、职责的分散实质是组织管理人员对工作进行横向和纵向的分工，是一个实际问题。只要组织机制存在，这种权力范围和职责分散就应该一直存在。组织结构或职责边界的清晰明确意味着提高管理成功的机会，组织中权力的分散有利于减少集中管理的弊端。但并不是组织结构或职责边界越清晰，管理越能得到改善，也不是组织权力越分散，决策的质量越高、组织的适应能力越强、组织成员的工作越热情，关键是组织保障机制还应强调协调管理的重要性，构建一个可供多方进行沟通和协调的管理平台。

8.2.3 组织保障机制的构建

水源区生态环境保护组织保障机制工作需要从其现状和问题出发，分析影响组织保障机制设置的主要因素，全方位确定需要哪些岗位和部门，并规定这些岗位和部门间的相互关系。在遵循组织保障机制构建的指导思想和三方面原则的基础上，从各层级政府目标、战略、政策、程序、制度、规则的制定，到生态环境组织保障和管理服务保障的提供，以及水源区各系统的参与，构成水源区生态环境保护组织保障机制。

1. 国家层面的组织保障

中央政府在领导力、指挥力等方面拥有绝对的权威优势，这使其在面对水源区生态环境保护工作存在的问题时，能够自上而下地推动相关工作的进展。中央政府应当利用其权威地位，有效突破地方政府利益的束缚，确保水源区生态环境保护工作的顺利推进。为此，首先从国家层面设立具有权威的水源区环境协调监督机构，重点强化生态环境主管部门的监督作用。

1）建立国家生态环境监督委员会

近年来，国家相继成立了具有一定规格的区域污染防治机构，且中华人民共和国生态环境部也先后成立了环境保护督查中心，这些机构和中心在区域环境保护中取得了良好的效果，但存在着机构设置分散等现象。水源区需要将国家层面的环境监督机构进行统一组织，建立权威的组织监督机构，自上而下进行监管，具有较高的权威性和实施性。因此，需要在中央政府之下设置监督委员会，负责日常工作；委员会除了设立办公室，还包括水源区生态环境保护协作小组、水源区环境保护督查小组、水源区生态环境治理专家小组等主要内容机构，主要负责水源区生态环境决策和规划、研究水源区生态环境立法、制定水源区生态环境预案、协调监督水源区生态环境矛盾、部署联防联动行动、评估水源区生态环境污染、制定生态环境污染防治政策等。

2）确保水源区生态环境监督机构相关权力

水源区生态环境监督机构主要的职责和任务是监督检查水源区政府部门环境保护政策及相关环保法律法规的制定和执行情况；检查水源区环境保护目标完成情况；对水源区生态环境进行调研，并根据水源区实际情况提出相关政策建议。为了使水源区生态环境监督机构的实际执法权、处罚权能够得到合理使用，应对其结构进行相应调整：①确保监督机构的绝对权威，通过法律法规规范水源区生态环境监督机构的职责，从法律规章制度方面规范执法权，以提升其在水源区环境保护活动中的权威。②保证实际执法权，如在水源区设立环境办公室作为各单位派出机构，监督水源区的生态环境保护工作。当水源区环境办公室发现某区域监控不到位、执法不得力时，水源区环境办公室可以直接行使执法权。③明确与其他相关部门的职责边界。据上文分析，水源区环境监督机构作为各单位派出机构，归国家环境部门主管；与水源区政府相关部门的关系则表现为环境督查机构是一种指挥和命令的关系，授予的是决策和行动的权力，水源区政府相关部门则是一种服务和协助的关系，授予的是思考和建议的权力。

2. 区域层面的组织保障

水源区生态环境保护不仅需要国家层面的组织保障，还需要水源区内政府间的协调沟通。水源区生态环境保护工作的推进，一方面源于对生态环境意识的深刻认识和生态环境整体效益的高度重视，这是推动保护工作的内在驱动力；另一方面，则需要健全和完善相关的组织机构，以确保服务协助关系的顺畅与高效。因此建立水源区区域层面的生态环境保护机构显得颇为重要。

1）组建水源区生态环境保护联合会

水源区生态环境保护联合会是水源区政府为有效处理水源区生态环境问题而建立的横向协助组织。该联合会通过立法或政府的授权，获得协助监督机构保护生态环境的职能，并行使一定的行政权力。根据水源区实际，组建赋予一定环境治理职能的联合会，能够在权力范围内协调水源区政府间整体利益关系，其行使的主要职能包括协商决定重要生态环境决策、监督检查水源区生态环境政策贯彻执行情况、组织环境专项检查、负责生态环境事故调查、协调各系统相互利益关系。

2）规范水源区生态环境保护联合会会议

水源区区域层面的生态环境协助机制主要通过水源区生态环境主管部门和各单位的联合会议展开。其会议主要实现协调沟通、提出目标、实施计划等功能。因此，需要规范水源区生态环境保护联合会议，以提高会议效率。一方面，要注意不同级别会议的权限和内容，生态环境主管部门联合会议范围要侧重于检查、落实、协调，各单位联合会议主要侧重于决策；另一方面，要注意完善机构设置，一般包括负责日常工作的常设机构和规范专责的成员小组构成。

3. 地方层面的组织保障

地方政府部门是水源区基本构成单元，水源区生态环境保护工作能否取得成效，关键在于地方政府环境保护意愿强烈程度、参与环境保护积极性程度，以及生态环境管理机制和水源区生态环境保护机构设置的合理性。现行水源区生态环境保障机制横向上存在多头领导、监管不足、职能交叉、职能分散、地方保护主义严重等多种突出问题，纵向上存在生态环境监督动力不足、缺乏动力等现象。为此，水源区地方层面的环境管理体制需要做深化改革。水源区生态环境保护执法权的命令统一原则是国家南水北调水源区生态环境保护保障的重要原则，市级环保部门直接接受省级部门管理，县级环保部门接受市级环保部门派出机构的管理，不再单设。这种直线管理层次的设计确保水源区生态环境监督机构执法的权威性、公正性、公平性，减少监督机构执法过程中受政府行政管理部门干预，有利于化解冲突矛盾。直线管理以生态环境问题为导向，有利于打破地方行政区域边界，以生态环保为前提基础，统筹协调处理重大生态环境保护事件。直线管理也可以让生态环境主管部门相对独立，在一定程度上遏制生态环境保护执行过程中的地方保护主义。

水源区生态环境保护保障机制涉及各级政府和各类主体的共同参与和行动。这一机制不仅要求国家、区域和地方层面政府及其部门之间的联合组织与集体行动，而且特别强调各级政府与部门之间的紧密协调与合作。任何单方面的努力，由于缺乏全面性和系统性，通常难以确保水源区生态环境保护工作取得显著成效。为配合水源区生态环境保护中多级政府和多元主体的共同行动，需要在组织机制上寻求保障，建立上下联动、同级协调、职责明确的组织保障机制。一是在国家层面上建立国家生态环境监督委员会统筹水源区环境监管职能；同时，强化水源区生态环境监督机构的执法权和处罚权，提升其在生态环境保护中的权威性。二是在区域层面上建立联合会，通过各类联席会议促进政府间的横向协调沟通。三是在地方层面上坚守命令统一原则，实行直线管理，减少同级政府部门的干预，提升环保部门的相对独立性，有利于水源区生态环境问题的监督和管理。

8.3　信息资源保障机制

环境信息资源的共享是加强生态环境保护的前提条件，水源区环境信息资源保障机制还存在很多不足，因此，需要通过构建信息资源保障机制来加大对环境信息资源的共享力度。

随着水源区城镇化进程的加快和人口的增多，水源区污染严重、资源短缺，资源环境压力不断加大，严重影响了水源区水质安全，威胁着水源区耦合系统的协调发展。水源区生态环境恶化趋势反映了现阶段水源区环境污染保护机制难以适应跨区域治理。水源区生态环境保护保障机制呈现出多头领导的管理体制,在执行跨区域相关环境权力时,产生了多方干预、地方保护主义等现象,再加上信息资源的流通不畅,很容易陷入沟通困境。国内外学者将生态环境信息资源共享作为一项重要的生态环境管理方法,并对其共享机制、现状、内容、作用等方面进行深入研究。近年来,国内外以立法的形式确立了生态环境政策和保护方面的信息资源共享制度,我国有关环境事件信息资源的报告办法的实施,反映了生态环境信息资源已成为跨区域协调管理的基础。建立水源区生态环境信息资源保障机制是突破管理时空限制,加强水源区生态环境监控力度,提升应对水源区突发重大环境事件能力的必备条件。

8.3.1　问题的提出

目前,水源区各级政府之间和各类主体间的生态环境信息没有形成有效流通,主要是由于不同层级政府部门和各类主体按照各自职责范围来执行生态环境保护方案,而这类执行方案间并没有进行协调,生态环境信息资源采集标准、时间都没有统一设定,导致各方案下的环境信息资源不兼容。从制度方面来说,水源区生态环境保护保障体制、机制的不健全,导致环境信息资源收集不及时、信息资源缺失、信息资源反馈不畅通、决策规划失误,进而引发水源区生态环境问题。

水源区生态环境保护是水源区政府促进协调发展的中心内容,也是国家保证水源区水质安全的一个重要环节。国内外跨区域污染治理经验表明,水源区生态环境保护保障机制的构建更应该强调各级政府之间和各类主体部门之间的协调与合作,建立水源区信息资源平台和管理中心,作为水源区耦合系统功能组成的重要单元,鼓励民众共同参与监督和管理。信息资源平台和管理中心作为一套完整方便的管理平台架构,提供水源区内部系统及外部系统废弃物等方面的信息资源,主要包括水源区内外部所需要的或供给的废弃物等方面的项目、数量、质量等。该平台可以有效提高水源区耦合系统资源循环利用率和废弃物回用比例,还可以为各级政府之间和各类主体间提供一个沟通协调的信息资源渠道。因此,在水源区建设一个信息资源平台,形成水源区生态环境一体化监管体系,为加强各政府与各主体间协调、沟通、统一协作提供及时、高效、科学的数据和信息资源支撑服务。

8.3.2　环境信息资源保障机制

水源区生态环境保护保障机制的信息平台和管理中心的建设,需要从法律法规、政策制度、信息资源公开程序、基础设施建设、应急处理信息资源等方面构建生态环境信息共享与互动机制。

1. 生态环境信息资源内涵

生态环境信息资源广义上被认为是与生态环境有关的信息咨源，表示与生态环境有关的问题，以及生态环境管理过程中某些环境要素的数量、质量、趋势、规律等的不同表现形式总称，是水源区在生态环境保护中了解环境、控制环境和治理环境问题所必需的一种共享资源。其环境信息资源主要包括：①常规环境质量监督信息，包括生态环境要素监测信息；②生态环境条件信息，包括水文、气象、敏感点分布等，如降雨情况、各污水处理厂情况、各种应急物资情况等；③环境风险信息，主要进行水源区环境风险排查，落实环境风险类型、环境风险数量，进而设计环境风险整改方案，以便后续落实；④生态环境协调管理信息，包括生态环境保护保障工作进展情况、生态环境风险整改情况、生态环境综合规划、生态环境保护目标落实情况等；⑤生态环境事件，主要包括环境事件发生的一般信息、环境事件发生的原因和过程、污染源情况、污染危害程度、应急预案的执行情况等。

2. 生态环境信息资源保障机制的基本思路

水源区信息平台与管理中心由信息资源、组织架构、技术基础这三个要素构成，它们之间构成了一个以人为主导，利用各种通信设备和其他设备，进行信息资源的处理、流通、存储，以提高水源区资源物质回收利用能力为目的，支持水源区生态环境保护保障的管理平台。除了建设平台外，水源区信息平台与管理中心的设计应注重数据格式的兼容性、信息资源透明度、使用的方便性等问题，保证生态环境信息的统一协调和实时更新，以便更好地监测和管理生态环境信息。因此，水源区信息平台与管理中心构建的基本思路是：根据水源区生态环境保护保障的实际需求，分析水源区内耦合系统资源、物质的流动情况资料，形成一份正在流通的废弃物、中间副产品、垃圾处理厂设施等的目录清单，确定回收利用的废弃物、中间副产品类型、质量、数量；针对水源区信息平台与管理中心，提出水源区信息资源共享方式、信息资源共享制度等保障机制。

3. 完善生态环境信息资源保障机制

1）强化思想意识

南水北调工程以"四横三纵"为主体的总体布局，以期实现我国水资源南北调配、东西互济的合理配置格局。南水北调中线水质安全是水源区重点关注问题，也是社会评价工程成败的核心指标。因此，水源区要实现社会经济的可持续发展就必须重视生态环境保护。生态环境信息资源是制定切实可行的生态环境政策、加强生态环境监督机制的一个重要前提，也是加强水源区生态环境保护的重要工作。生态环境信息资源共享是协调发展的内在要求和必然要求，也是水源区各组织、团体、民众的一种义务。

因而，需要强化生态环境信息资源共享的重要意识。各级政府部门和各组织要通过完善生态环境信息资源保障机制来加大信息资源的流通速度。各级政府部门和各组织要加强生态环境保护意识，自觉主动地落实生态环境信息资源的共享工作；同时，水源区民众也要增强自身环境权益意识，积极参与到生态环境保护活动中，努力维护民众的环境权益。

2）健全相关法律法规和政策

各级政府部门应统一制定相关生态环境信息资源共享的法规，重点关注生态环境信息共享的有关规定，形成一套完整的生态环境信息资源共享的法律体系。法律、法规、政策应该对生态环境信息资源共享的主体、内容、程序、责任、权利等方面作出明确规定，尤其要详细描述各级政府部门、各组织、各团体、民众等的义务、责任和权利。努力通过思想教育提高民众的环保意识和监督意识，以制约或减少某些破坏生态环境的行为。进一步规范政府行政管理部门工作，避免多头领导，加强生态环境监督，加大执法力度，保护民众的生态环境权利、避免破坏生态环境等违法行为。进一步完善领导机制，以确保各级政府部门间和各组织之间积极有序地进行生态环境信息资源流通的工作。同时，水源区也应意识到生态环境信息只有被不断地收集、处理、传输、利用，才能形成信息的反馈、保证信息资源的有效性、有助于推进生态环境保护工作。

3）重视信息资源传输的组织建设和基础建设

成功的演出，不仅需要演员的卓越表演，而且要求要有出色的剧本；同样，信息资源的高效利用，首先要求建立合理的组织，合理的组织结构必然会提高信息资源的流通效率。因而，组织结构是信息资源传输的快速渠道。不同的组织结构形态，决定了信息资源不同的传输渠道。其中，扁平的组织结构信息资源传递层次少，传输速度快，可以尽快发现环境信息所隐含的问题，也可减少环境信息在传输过程中被扭曲的可能性。锥形的组织结构中，信息需要经过多个层次进行传递，这不仅减慢了信息资源的传输速度，而且在每个传递过程中都不可避免地融入了个人主观理解和认识，导致信息资源的失真。如果组织结构的层次幅度较小，每个层次的信息资源就能得到更加充分和仔细的研究，有助于减少信息失真并提高决策的准确性。因此，信息资源传输的组织建设，需要权衡层次幅度的大小，以确保信息的高效传递和准确性。

结合水源区各级政府实际情况，适当提高生态环境监测、监控方面的固定资产投入，以确保及时采集生态环境信息，并根据完善的生态环境信息指标体系，更好地实时监测水源区各组织的生产生活活动，使生态环境按照预定的目标、规则和要求发展，防止出现恶劣的生态环境问题。同时，通过建立的水源区信息平台与管理中心，做好信息资源的处理、存储等基础性日常管理工作，完善管理制度，加强环境信息监测、信息资源循环利用的能力，以提升生态环境信息资源的管理水平。

目前，水源区的经济发展相对滞后，同时生态环境保护保障机制也显得不够完善。在这种背景下，水资源缺口量不断下降的现象开始显现，与之相对的是，污染物排放量增多的现象愈发凸显。这些问题表明，水源区在经济发展与生态环境保护之间需要找到更加平衡的状态和可持续发展路径。水源区生态环境信息资源保障机制作为生态环境保护保障机制的重要补充，正处丁成长阶段，也收获了相应的环境效益成果。通过对水源区各类物质资源的统计、分析和计算，构建水源区信息平台与管理中心，确定多元化的、快速的、协调的信息资源传输机制，从而形成具有重要的现实意义和实际意义的生态环境信息资源保障机制，可以减少水源区跨区域生态环境问题，增强水源区生态环境应急处理能力。

参 考 文 献

阿布都热合曼·哈力克, 瓦哈甫·哈力克, 卞正富. 2010. 且末绿洲水资源与经济社会耦合系统可持续发展的量化分析[J]. 干旱区资源与环境, 24(4): 26-31.

阿瑟·刘易斯, 1996. 经济增长理论[M]. 周师铭, 等, 译. 北京: 商务印书馆.

曹洪华. 2014. 生态文明视角下流域生态-经济系统耦合模式研究[D]. 长春: 东北师范大学.

常国瑞, 张中旺. 2015. 南水北调中线工程核心水源区生态环境与经济协调发展探析[J]. 湖北文理学院学报, 36(11): 63-68.

陈端吕, 彭保发, 熊建新. 2013. 环洞庭湖区生态经济系统的耦合特征研究[J]. 地理科学, 33(11): 1339-1346.

陈国福. 2017. 基于集对分析法的江西省区域经济与生态环境协调发展研究[D]. 南昌: 南昌大学.

陈泉生. 2000. 当前环境危机的主要特征及其原因[J]. 福州大学学报 (哲学社会科学版), 14(2): 40-42.

陈向, 周伟奇, 韩立建, 等. 2016. 京津冀地区污染物排放与城市化过程的耦合关系[J]. 生态学报, 36(23): 7814-7825.

陈晓红, 宋玉祥, 满强. 2009. 等城市化与生态环境协调发展机制研究[J]. 世界地理研究, 18(2): 153-160.

陈晓宏, 陈永勤, 赖国友. 2002. 东江流域水资源优化配置研究[J]. 自然资源学报, 17(03): 366-372.

崔鑫生, 韩萌, 方志. 2019. 动态演进的倒 "U" 型环境库兹涅茨曲线[J]. 中国人口·资源与环境, 29(9): 74-82.

杜梦娇, 田贵良, 吴茜, 等. 2016. 基于系统动力学的江苏水资源系统安全仿真与控制[J]. 水资源保护, 32(4): 67-73.

杜湘红, 张涛. 2015. 水资源环境与社会经济系统耦合发展的仿真模拟-以洞庭湖生态经济区为例[J]. 地理科学, 35(9): 1109-1115.

杜鑫, 许东, 付晓, 等. 2015. 辽河流域辽宁段水环境演变与流域经济发展的关系[J]. 生态学报, 36(6): 1955-1960.

段显明, 郭家东. 2012. 浙江省经济增长与环境污染的关系-基于 VAR 模型的实证分析[J]. 重庆交通大学学报(社会科学版), 12(1): 52-55.

樊鹏飞, 梁流涛, 李炎埔, 等. 2016. 优基于系统耦合视角的京津冀城镇化协调发展评价[J]. 资源科学, 38(12): 2361-2374.

方创琳, 步伟娜, 鲍超. 2004. 黑河流域水-生态-经济协调发展方案及用水效益[J]. 生态学报, 24(8): 1701-1709.

冯尚友, 梅亚东. 1998. 水资源持续利用系统规划[J]. 水科学进展, 9(01): 1-6

付景保, 高军波. 2013. 生态旅游背景下的南水北调中线水源区生态环境保护研究[J]. 生态经济, 29(3): 170-174.

韩瑞玲, 佟连军, 佟伟铭等. 2012. 经济与环境发展关系研究进展与述评[J]. 中国人口. 资源与环境, 22(2): 119-124.

何永清, 张庆普. 2012. 知识吸收能力的内涵和构成维度: 基于人体消化吸收视角[J]. 情报理论与实践,

35(3): 32-36.

贺正楚, 吴艳, 蒋佳林, 等. 2013. 生产服务业与战略性新兴产业互动与融合关系的推演、评价及测度[J]. 中国软科学, (5): 129-143.

黄慧玲. 2015. 南水北调中线干渠(河南段)沿线旅游空间结构构建研究[J]. 经济地理, 35(8): 196-199.

蒋国富, 白耕勤. 2004. 南水北调中线工程水源区生态环境问题探析[J]. 南阳师范学院学报(自然科学版), 3(09): 72-76.

金娜. 2011. 陕西省生态环境与经济社会协调发展机理研究[D]. 西安: 陕西师范大学.

柯坚. 2014. 我国《环境保护法》修订的法治时空观[J]. 华东政法大学学报, 17(3): 17-28.

雷玉桃. 2006. 流域水环境管理的博弈分析[J]. 中国人口·资源与环境, 16(1): 122-126.

李波, 李春娇, 王铁良. 2013. 辽宁省水资源生态经济系统协调发展评价[J]. 沈阳农业大学学报, 44(2): 241-244.

李芳林, 臧凤新, 赵喜仓. 2013. 江苏省环境与人口、经济的协调发展分析-基于环境安全视角[J]. 长江流域资源与环境, 23(7): 832-837.

李国柱, 李从欣. 2010. 基于熵值法的经济增长与环境关系研究[J]. 统计与决策, 26(24): 107-109.

李海燕, 陈晓红. 2014. 基于 SD 的城市化与生态环境耦合发展研究: 以黑龙江省东部煤电化基地为例[J]. 生态经济, 30(12): 109-115.

李景波. 2003. 滕州市城市水资源可持续利用研究[D]. 南京: 河海大学.

李琳, 王搏, 徐洁. 2014. 我国经济与生态环境协调发展的地区差异研究-基于综合评价方法[J]. 科技管理研究, 10: 38-41.

刘承良, 颜琪, 罗静. 2013. 武汉城市圈经济资源环境耦合的系统动力学模拟[J]. 地理研究, 32(5): 857-869.

刘定惠, 杨永春. 2011. 安徽省旅游产业与区域经济耦合协调度分析[J]. 特区经济, (6): 188-190.

刘芳芳, 黄巧萍, 刘伟平. 2018. 地区经济增长与区域碳排放的关系——基于环境库兹涅茨模型的研究[J]. 中南林业科技大学学报 (社会科学版), 12(4): 20-26, 35.

刘红梅. 2007. 区域生态建设与经济发展的互动双赢理论与实践[D]. 青岛: 中国海洋大学.

刘建国, Vanessa H, Mateus B, 等. 2016. 远程耦合世界的可持续性框架[J]. 生态学报, 36(23): 7870-7885.

刘梅, 魏加华, 王峰. 2016. 基于"6E"模式的南水北调中线生态文化旅游开发[J]. 南水北调与水利科技, 14(5): 173-178.

刘敏. 1999. 城市用水管理及水资源可持续开发利用[D]. 南京: 河海大学.

刘洋, 徐长乐. 2014. 基于可变模糊模型的社会经济与环境协调发展研究——以长三角河口海岸地区 8 城市为例[J]. 南通大学学报(社会科学版), 30(2): 15-21.

刘耀彬. 2007. 中国城市经济增长与环境质量变化关系的实证研究[J]. 商业研究, 366(10): 24-27.

刘易斯. 1996. 经济增长理论[M]. 周师铭, 译. 北京: 商务印书馆.

刘远书, 高文文, 侯坤, 等. 2015. 南水北调中线水源区生态环境变化分析研究[J]. 长江流域资源与环境, 24(03): 440-446.

刘云慧, 张鑫, 张旭珠等. 2012. 生态农业景观与生物多样性保护及生态服务维持[J]. 中国生态农业学报, 20(7): 819-824.

鲁明中, 张象枢. 2005. 中国绿色经济研究[M]. 郑州: 河南人民出版社.

陆虹. 2000. 中国环境问题与经济发展的关系分析——以大气污染为例[J]. 财经研究, 26(10): 53-59.

吕健. 2010. 上海市经济增长与环境污染-基于 VAR 模型的实证分析[J]. 华东经济管理, 24(8): 1-6.

马丽娜, 王佳, 赵国浩. 2012. 基于熵权灰色关联法的经济与环境及社会系统协调发展评价研究-以陕西省彬县为例[J]. 区域经济, 6: 39-41.

牟丽丽. 2010. 三江平原水资源可持续利用研究[D]. 哈尔滨: 黑龙江大学.

倪曾曾. 2017. 山西省经济增长与环境污染关系研究[D]. 太原: 山西财经大学.

彭建, 吴建生, 潘雅婧, 2012. 等. 基于 PSR 模型的区域生态持续性评价概念框架[J]. 地理科学进展, 21(7): 933-940.

秦艳. 2008. 天山北坡经济带经济与生态环境耦合关系研究[D]. 乌鲁木齐: 新疆大学.

任志远, 徐茜, 杨忍. 2011. 基于耦合模型的陕西省农业生态环境与经济协调发展研究[J]. 干旱区资源与环境, 25(12): 14-19.

斯蒂格利茨. 1997. 经济学[M]. 梁小民, 译. 北京: 中国人民大学出版社.

宋马林, 王舒鸿. 2011. 环境库兹涅茨曲线的中国"拐点": 基于分省数据的实证分析[J]. 管理世界, 27(10): 168-169.

唐德善, 张伟, 曾令刚. 2003. 水环境与社会经济发展阶段关系初探[J]. 人民长江, 34(11): 7-10.

田亚玲. 2016. 主成分聚类分析在经济发展与环境污染中的研究[D]. 重庆: 重庆大学.

万晨, 万伦来, 金菊良. 2016. 安徽省水资源-社会经济系统协同分析[J]. 人民黄河, 38(9): 50-55, 67.

汪中华. 2005. 我国民族地区生态建设与经济发展的耦合研究[D]. 哈尔滨: 东北林业大学.

王博. 2014. 基于耦合模型的我国区域经济与生态环境协调发展动态研究[D]. 长沙: 湖南大学.

王刚毅, 刘杰. 2019. 基于改进水生态足迹的水资源环境与经济发展协调性评价: 以中原城市群为例[J]. 长江流域资源与环境, 28(1): 80-90.

王广成, 李鹏飞. 2014. 煤炭矿区复合生态系统及其耦合机理研究[J]. 生态经济, 30(2): 139-142.

王浩. 2006. 我国水资源合理配置的现状和未来[J]. 水利水电技术, 37(2): 7-14.

王厚全. 2012. 科技促进涉农产业融合相关模式及对策研究——以北京市为例[J]. 科学管理研究, 30(3): 93-96.

王卉彤, 刘靖, 雷丹. 2014. 新旧两类产业耦合发展过程中的科技金融功能定位研究[J]. 管理世界, 30(2): 178-179.

王慧敏, 胡震云. 2005. 南水北调供应链运营管理的若干问题探讨[J]. 水科学进展, 16(6): 864-869.

王军生, 邹东哲, 鹿明雷. 2015. 基于博弈论方法分析流域内生态补偿机制[J]. 西安财经学院院报, 28(6): 109-114.

王灵恩, 成升魁. 2013. 基于旅游"六要素"分析的拉萨市旅游消费实证研究[J]. 消费经济, 29(6): 27-30, 50.

王世朋, 涂超. 2017. 江西省环境与经济耦合关系研究[J]. 环境科学与管理, 42(4): 64-69.

王维国. 2000. 协调发展的理论与方法研究[M]. 北京: 中国财政经济出版社.

王兆华, 武春友. 2002. 基于交易费用理论的生态工业园中企业共生机理研究[J]. 科学学与科学技术管理, (8): 9-13.

魏加华, 王光谦, 翁文斌, 等. 2004. 流域水量调度自适应模型研究[J]. 中国科学 E 辑: 技术科学, 34(S1): 185-192.

吴次芳, 鲍海君, 徐保根. 2005. 我国沿海城市的生态危机与调控机制——以长江三角洲城市群为例[J]. 中国人口·资源与环境, 15(3) 32-37.

吴丹, 吴仁海. 2011. 不同地区经济增长与环境污染关系的 VAR 模型分析-基于广州、佛山、肇庆经济圈的实证研究[J]. 环境科学学报, 34(4): 880-888.

吴孝天, 管华. 2016. 郑州市经济发展与水资源环境耦合关系研究[J]. 江苏师范大学学报(自然科学版), 34(1): 72-75.

夏军. 1997. 可持续水资源管理研究的若干热点及讨论[J]. 人民长江, 28(04): 25-26.

肖建勇, 郑向敏. 2011. 我国旅游业的产业融合路径选择[J]. 宏观经济研究, (12): 72-78.

熊勇清, 李世才. 2010. 战略性新兴产业与传统产业耦合发展的过程及作用机制探讨[J]. 科学学与科学技术管理, 31(11): 84-87, 109.

徐仁立. 2012. 旅游产业与文化产业融合发展的思考[J]. 宏观经济管理, (1): 61-62, 65.

徐升华, 吴丹. 2016. 基于系统动力学的鄱阳湖生态产业集群 "产业-生态-经济" 系统模拟分析[J]. 资源科学, 38(5): 871-887.

许妍谢. 2016. 欠发达地区生态环境与区域经济耦合协调发展分析-以浙江衢州为例[J]. 生产力研究, (8): 70-72, 149.

薛笑笑. 2017a. 浙江省经济与生态环境耦合关系的演变特征[J]. 当代经济, 34(7): 82-85.

薛笑笑. 2017b. 浙江省市域经济与生态环境协调关系的实证分析[J]. 金融经济, 34(4): 55-58.

严奇春, 和金生. 2012. 基于层次与过程的产业融合形式探讨[J]. 软科学, 26(3): 1-3, 14.

杨锦伟, 张艺涵, 刘笑笑, 等. 2022. 南水北调中线工程河南段城市生态保护与经济发展的 EKC 检验[J]. 平顶山学院学报, 37(5): 100-105.

杨云彦, 石智雷. 2008. 南水北调工程水源区与受水区地方政府行为博弈分析——基于利益补偿机制的建立[J]. 贵州社会科学, (1): 102-107.

姚志春, 安琪. 2011. 区域水资源生态经济系统耦合关系分析[J]. 水资源与水工程学报, 22(5): 63-68.

尹炜. 2014. 南水北调中线工程水源地生态环境保护研究[J]. 人民长江, 45(15): 18-21.

尹燕, 周应恒. 2012. 基于时间可达性的农业旅游布局空间演化特征及形成机理——以江苏省为例[J]. 资源科学, 34(12): 2409-2417.

尹云松, 孟枫平, 糜仲春. 2004. 流域水资源数量与质量分配双重冲突的博弈分析[J]. 数量经济技术经济研究, (1): 136-140.

于刃刚. 1997. 三次产业分类与产业融合趋势[J]. 经济研究参考, (25): 46-47.

袁少军, 王如松, 胡聃, 等. 2004. 城市产业结构偏水度评价方法研究[J]. 水利学报, 35(10): 43-47.

张浩. 2016. 生态与经济互动关系分析对生态经济耦合评价模型的应用[J]. 生态经济, 32(3): 69-74.

张瑞萍. 2015. 西部生态环境与经济增长协调发展研究[D]. 兰州: 兰州大学.

张晓. 1999. 中国环境政策的总体评价[J]. 中国社会科学, (3): 88-96.

张雁, 李占斌, 刘建林. 2016. 南水北调中线商洛水源地生态安全评价[J]. 人民长江, 47(19): 32-36.

张忆君, 马骏. 2016. 基于耦合模型的苏北地区生态环境与经济协调发展研究[J]. 环境科技, 29(3): 11-15.

赵菲菲, 卢丽文. 2022. 环境治理视角下环境库兹涅茨曲线的实证检验[J]. 统计与决策, 38(20): 174-178.

赵细康, 李建民, 王金营, 等. 2005. 环境库兹涅茨曲线及在中国的检验[J]. 南开经济研究, (3): 48-54.

周晨, 丁晓辉, 李国平, 等. 2015. 南水北调中线工程水源区生态补偿标准研究—以生态系统服务价值为视角[J]. 资源科学, 4(37): 792-804.

周成, 冯学钢, 唐睿. 2016. 区域经济—生态环境—旅游产业耦合协调发展分析与预测——以长江经济带沿线各省市为例[J]. 经济地理, (3): 186-193.

周三多, 陈传明, 刘子馨, 等. 2018. 管理学: 原理与方法[M]. 上海: 复旦大学出版社.

朱九龙, 王俊, 陶晓燕, 等. 2017. 基于生态服务价值的南水北调中线水源区生态补偿资金分配研究[J]. 生态经济, 3(6): 109-113.

左其亭, 王妍, 陶洁, 等. 2018. 南水北调中线水源区水文特征分析及其水资源适应性利用的思考[J]. 南水北调与水利科技, 16(4): 42-49.

Acaravci A, Akalin G. 2017. Environment–economic Growth Nexus: A Comparative Analysis of Developed and Developing Countries[J]. International Journal of Energy Economics and Policy, 7(5): 34-43.

Aghion P, Howitt P. 1998. Endogenous growth theory[M]. Cambridge: MIT Press.

Aliza F A T. 2013. Does Rural Tourism Benefit from Agriculture?[J]. Tourism Management, 38(3): 493-501.

Allan G J, Hanley N D, McGregor P G, et al. 2007. The Impact of Increased Efficiency In the Industrial Use of Energy: A Computable General Equilibrium Analysis For The United Kingdom[J]. Energy Economics, 29(4): 779-798.

Al-Mulali U, Saboori B, Ozturk I. 2015. Investigating the environmental Kuznets curve hypothesis in Vietnam[J]. Energy Policy, 76: 123-131.

Andreoni J, Levinson A. 2001. The simple analytics of the environmental Kuznets curve [J]. Journal of Public Economics, 80(2): 269-286.

Aung T S, Saboori B, Rasoulinezhad E. 2017. Economic growth and environmental pollution in Myanmar: an analysis of environmental Kuznets curve[J]. Environmental Science and Pollution Research, 24(25): 20487-20501.

Awan A G. 2013. Relationship between Environment and Sustainable Economic Development: A Theoretical Approach to Environmental Problems[J]. International Journal of Asian Social Science, 3(3): 741-761.

Bachleitner. 2013. Economic Incentives for Sustainable Management: a Optimal Control Model for Tropical Forestry[J]. Ecological Economics, (30): 51-56.

Balsalobre-Lorente D, Shahbaz M, Ponz-Tienda J L, et al. 2017. Energy Innovation in the Environmental Kuznets Curve (EKC): A Theoretical Approach[M]//Carbon Footprint and the Industrial Life Cycle. Springer, 243-268.

Bernstam M. 1990. The Wealth of Nations and the Environment [J]. Population & Development Review, 16(1): 333-373.

Berthelemy J C, Demurger S. 2000. FDI and Economic Growth: Theory and Application to China[J]. Review of Development Economics, 4(2): 140-155.

Broring S, Leker J. 2016. Industry Convergence and Its Implications for the Front End of Innovation: A Problem of Absorptive Capacity[J]. Creative Innovation Management, 2016, 21(2): 165-175.

Bryce D J, Winter. S G. 2016. A General Inter-industry Relatedness Index[J]. Management Science, 66(9): 1570-1585.

Carey D L. 1993. Development based on carrying capacity: A strategy for environmental protection [J]. Global Environment Change, 3(2): 140-148.

Carson D B, Taylor A J. 2015. Sustaining Four Wheel Drive Tourism in Desert Australia: Exploring the Evidence from a Demand Perspective[J]. Rangeland Journal, 43(1): 77-83.

Chebbi H E, Boujelbene Y. 2008. CO_2 emissions, energy consumption and economic growth in Tunisia[A]// Burrell A, Heckelei T, Sckokai P. European Review of Agricultural Economics[C]. Oxford: Oxford University Press.

Chen Y Y. 2002. The Return to Scale of Pollution Abatement and the Environmental Kuznets curve: A New Explanation for the Form of EKC[J]. Forecasting , 21(5): 46-49.

Chertow M R. 2000. Industrial symbiosis: literature and taxonomy[J]. Annual Review of Energy and the Environment, (25): 313-337.

Chesbrough H. 2007. The Market for Innovation: Implications for Corporate Strategy[J]. California Management Review, 49(3): 45-66.

Chichinisky G. 1994. North-South Trade and Global Environment[J]. American Economic Review, 84(4): 851-874.

Christian A. 1996. Social-ecological indicators for sustainability[J]. Ecological Economics, 18(2): 135-140.

Curran C S, Brring S, Leker J. 2015. Anticipating Converging Industries Using Publicly Available Data[J]. Technological Forecasting & Social Change, 82(3): 385-395.

Daly H. E. 1980. Economics, Ecology, Ethics Essays Toward a Steady State Economy [M]. Sanfrancisco: W. H. Freeman and Company Press.

Dasgupta P, Heal G. 1974. The Optimal Depletion of Exhaustible Resources[J]. Review of Economic Study, 41(5): 3-28.

Drabo A. 2010. Environment Quality and Economic Convergence: Extending Environmental Kuznets Curve Hypothesis[J]. Economics Bulletin, 30(6): 1617-1632.

Fang X C, Chen H, Wang X L. 2015. Coordination of economic development and ecological environment in resource exhausted cities[J]. Ecological Economy, 11(1): 36-42.

Frosch R A, Gallopoulos N E. 1989. Strategies for manufacturing[J]. Scientific American, 261(3): 144-152.

Gilbert A. 1996. Criteria for sustainability in the development of indicators for sustainable development [J]. Chemosphere, 33(9): 1739-1748.

Grossman G M, Krueger A B. 1991. Environmental Impact of a North American Free Trade Agreement[R]. National Bureau of Economic Research Working Paper, Cambridge MA.

Grossman G M, Krueger A B. 1995. Economic Growth and the Environment [J]. Quarterly Journal of Economics, 110(2): 353-373.

Hauschildt J, Salomo S. 2014. Deconstruction of the Telecommunications Industry: From Value Chains to Value Networks[J]. Telecommunications Policy, 38(10): 451-472.

He Y Q, Chen T, Wang Y. 2012. Ecological footprint and endogenous economic growth in Poyang Lake area in China based on empirical analysis of panel data model[J]. Journal of Resources and Ecology, 3(4): 367-372.

Howitt P. 1998. Endogenous Growth Theory [M]. Cambridge: MIT Press.

Janekarnkij P. 2012. An Analysis of Economic Growth and Environment Relationship in Thailand using Environmental Kuznets Curve[J]. Singapore Journal of Tropical Geography, 33(1): 108-123.

Kitahara E. 2013. The direction of rural development policies in Japan [J]. Future of Rural Policy: From Sectoral to Place-Based Policies in Rural Areas, 1(1): 61-75.

Kuznets S. 1955. Economic Growth and income equality [J]. American Economic Review, 45(1): 1-28.

Lemola T. 2002, Convergence of National Science and Technology Policies: The Case of Finland[J]. Research Policy, 31(9): 1481-1490.

Leslie H M, Chluter M. 2009. Modeling responses of coupled social–ecological systems of the Gulf of California to anthropogenic and natural perturbations[J]. Ecological Research, 24(3): 505-519.

Lu H, Zhou L, Chen Y, et al. 2017. Degree of coupling and coordination of eco-economic system and the influencing factors: a case study in Yanchi County, Ningxia Hui Autonomous Region, China[J]. Journal of Arid Land, 9(3): 446-457.

Macnell J. 1989. Strategies for Sustainable Economic Development [J]. Scientific American, 261(3): 154-165.

Odum H T, Elisabeth C. 2000. Modeling for all scales: an introduction to system simulation [J]. Quarterly Review of Biology, 30(6): 2212.

Oliveira C, Coelho D, Antunes C H. 2016. Coupling input-output analysis with multiobjective linear programming models for the study of economy-energy-environmentsocial (E3S) trade-offs: a review[J]. Annals of Operations Research, 247(2): 471-502.

Ott W. 1978. Environmental Indices: Theory and Practice [M]. Ann Arbor: Science Publishers.

Panayotou T. 1997. Demystifying the Environmental Kuznets Curve: turning a black box into a policy tool [J]. Environment and Development Economics, 2(4): 465-484.

Rosenberg, N. 1963, Technological Change in the Machine Tool Industry[J]. The Journal of Economic History, 23(2): 414-446.

Scherr S J, McNeely J A. 2012. Biodiversity Conservation and AgriculturalSustainability: Towards a New Paradigm of Eco-agriculture Landscapes [J]. Philosophical Transactions of the Royal Society B: Biological Sciences, 36(2): 477-494.

Selden T, Song D. 1994. "Environmental Quality and Development: Is There a Kuznets Curve for Air Pollution Emissions?" [J]. Journal of Environmental Economics and Management, 27(2): 147-162.

Stockhammer E, Hochreiter H, Obermayr B, et al. 1997. The index of sustainable economic welfare (ISEW) as an alternative to GDP in measuring economic welfare. The results of Austrian (revised) ISEW calculation 1955-1992[J]. Ecological Economics, 21(1): 19-34.

Sugden AM. 2014. The Cost of Economic Growth [J]. Science, 345(6198): 783.

Sun Gennian. 2015. The advantage of a Big County and Continuous Rapid Growth of China Tourism Industry[J]. Tourism Tribune, 26(4): 29-34.

Theilen, F. 2015. Value Constellations and Integration Strategies in the Multimedia Business[J]. International Journal on Media Management, 15(1): 14-22.

Torras M, Boyce J. 1998. Income, Inequality, and Pollution: A Reassesment of the Environmental Kuznets Curve[J]. Ecological Economics, (25): 147-160.

Veeck G, Che D, Veeck A. 2013. America's changing farms cape: A study of agricultural tourism in Michigan [J]. Professional Geographer, 58(3): 235-248.

Vukina T, Beghin J C, Solakoglu E G. 1999. Transition to markets and the environment: effects of the change in the composition of manufacturing output[J]. Environment and Development Economics, 4 (4): 582-598.

Weir M. 2012. Evaluating Consequences of Agricultural Policy Measures in an IntegratedEconomic and

Environment Model System, in Ecosystems and Sustainable Development[M]. Southampton: UK WTT Press.

Włodarczyk J. 2010. The environment and economic growth according to the environmental Kuznets' curve[J]. Argumenta Oeconomica, (1): 149-164.

Zhang C, Wang Y, Song X, et al. 2017. An integrated specification for the nexus of water pollution and economic growth in China: Panel cointegration, long-run causality and environmental Kuznets curve[J]. Science of The Total Environment, 609: 319-328.